재료공학을 위한

대칭군 이론

류근걸 저

"Materials science is the magic of the electrons on d-shell or on the outmost shell."

"재료과학은 d-각과 최외각 전자들의 마술이다."

홍릉과학출판사

목 차

제6장 대칭군 응용(Ⅱ) 79

제7장 대칭군 응용(Ⅲ) 105

제1장
서 언

대칭군 이론은 재료 내의 전자기적인 여러 형태의 현상을, 재료를 구성하고 있는 원자들의 기계적인 대칭성을 이용하여 이해하고 예측하고자 하는 학문이라 할 수 있다. 재료 공학에서 재료 내의 원자들의 배열에 따른 기계적인 대칭성은 기계적인 성질 뿐 만 아니라 전자기적인 관점에서 매우 큰 의미를 갖고 있다. 재료는 구성하는 기본 요소인 원자들이 공간을 채우며 규칙적 혹은 불규칙적인 배열을 하여 이루어지게 된다. 이 배열에 관여하는 중심 물질은 그 원자들의 d-각 및 최외각 전자들이며, 관여 형식에 따라 공유결합, 이온결합 그리고 금속결합 등으로 대별된다. 이 중에서 대칭군 이론을 적용할 수 있는 것은 주로 공유결합이라 할 수 있으며, 이온결합을 하고 있는 재료에도 응용이 가능하다 할 수 있다. 그림 1-1에서와 같이 물의 분자가 구성되어 있다고 할 때, 알 수 있는 대칭들은 산소원자를 관통하는 수직축을 이용한 180° 회전대칭, 지면에 수직이며 산소원자를 포함하는 면에 의한 면대칭, 그리고 산소 및 2 개의 수소 원자를 포함한 지면에 해당하는 면에 의한 면대칭 등의 3 가지 대칭 특성을 갖고 있음을 알 수 있다. 이 같은 대칭성을 이해하면 물분자가 속하는 대칭군을 확정할 수 있게 되며, C_{2y} 혹은 mm 으로 물분자의 대칭군을 분류할 수 있다. 물분자의 대칭군이 확정되면, 물분자의 대칭성을 매우 간결하게 표현하여 주는 특성표(Character Table)에 의하여, 실제 물분자에서 일어나는 여러 전자기적인 현상을 분석하고 이해할 수 있게 된다. 특성표는 각 대칭군들의 기계적인 대칭성 뿐 만 아니라, 그 기계적인 배열에 의하여 유도되어 발생되는 전자기적 대칭성도 포함하고 있다. 그림에서와 같이 물분자 구성에 참여하는 최외각 전자들인 산소원자로부터의 6 개, 각 수소원자로부터의 1 개 등 8 개의 전자들이 이 3 개의 원자들 근처에서 대부분 발견되며 지협화되어(Localized) 있다고 할 수 있다. 공유결합 및 이온결합의 특징은 결합에 참여하는 최외각 전자들이 결합 근처에 지엽화된 상태로 남아 있다는 것이다. 지엽화된 전자들은 결합에 의해 형성된 대칭 형태를 따라 매우 제한된 공간 운동을 하게 되며, 이같은 전자의 운동은 이미 형성된 기계적 대칭 형태의 전자기장을 이룬다는 것이다. 이것이 대칭군 이론의 시작점으로, 재료의 결정 구조, 다양한 형태의 점결함

주위 및 Radical 등으로부터 발생하는 여러 현상에 적용할 수 있게 된다.

이와 같은 재료의 구조 혹은 특정 관심 부분의 이해와 접근을 위하여 대칭군 이론에 입각한 접근이 이루어지지 않았고, 이와 관련한 국내 기본서가 전무한 상태에 있다 하겠다. 대칭군 이론이 이제까지 화학 분야에서만 응용되는 것으로 이해될 수도 있으나, 이미 재료공학도는 부지불식간에 대학 입학으로부터 접하여 왔다. 재료공학에서 제일 중요하게 이용되는 분석 기법인 X-선 회절을 이해하는 과정에서 간과하며 지났으나, X-선 회절 데이터에 각 재료마다의 대칭군이 표시되어 있다는 것이다. 또한 7 개의 결정계 및 14 개의 Bravais 격자들도 이미 여러 대칭군으로 분류되어 표현되어 있음을 간과하여 왔다. 이와 같은 여건에서 새로운 재료의 이해 접근 방식을 제시하고자 하는 의도로 준비하였다.

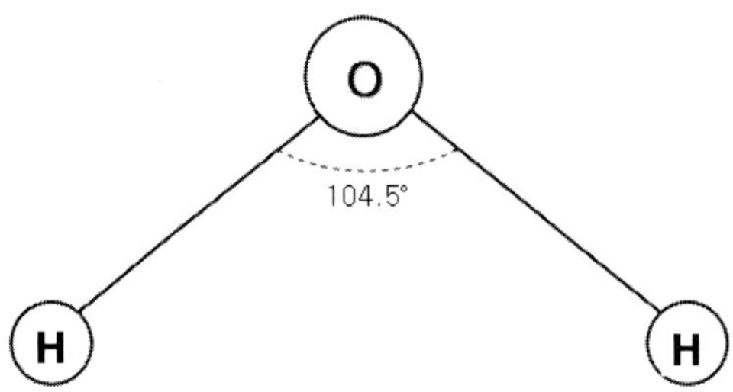

그림 1-1. 물의 구조

제2장

대칭군 이론을 위한 기초

2.1 중요정의

대칭군 이론을 이해하기 위해서는 관련된 주요 개념을 정의하여야 한다. 대표적인 용어가 대칭군(Group), 대칭요소(Element), Class, 및 Order 등이라 할 수 있다. 대칭군은 관심 대상물의 모든 대칭요소들을 분석하여 분류한 특정 대칭 집단을 말한다. 예를 들어, 그림 1-1의 물과 같은 구조를 갖고 있는 관심 대상물에 존재하는 모든 대칭요소들은 180° 회전대칭, 산소원자를 포함하여 지면에 수직한 면에 의한 면대칭, 그리고 지면에 해당하는 면에 의한 면대칭 등의 3 가지 대칭요소들로 구성되는 특성을 갖고 있다. 따라서 이와 같은 3 가지 대칭요소들을 가지고 있는 대상물은 C_{2v} 의 대칭군으로 분류할 수 있다. 이 때 180° 회전대칭, 지면에 수직한 면에 의한 면대칭, 그리고 지면에 해당하는 면에 의한 면대칭 등의 3 가지를 대칭요소로 한다. 대칭군 이론에서는 이 밖에도 반드시 원대칭(Identity Symmetry)을 대칭요소에 포함하여야 하므로 C_{2v} 대칭군의 Class를 4라 하며 Order도 4 가 된다. 한편 C_{3v} 구조의 대칭군의 경우, 동등한 120° 회전대칭 2 개 및 그 대칭축을 포함한 면에 의한 동등한 면대칭 3 개 등 2 개의 요소로 구성되어 있다. 따라서 이때에는 원대칭을 포함하여 Class를 3 이라 하고, Order를 6 이라 한다. 따라서 Class는 대칭군을 구성하는 대칭요소들의 합을 말하며, Order는 대칭요소들의 중복성을 모두 합한 수라 할 수 있다.

2.2 수학적 법칙

대칭군 이론을 전개하기 위하여 수학적인 개념으로 당위성을 확보할 수 있으며, 다음 5 가지의 기본 개념 법칙은 대칭군 이론을 지지하는 근간이 된다. 첫째, 한 대칭군 내에서 두 다른 대칭요소의 곱이나 한 대칭요소의 제곱의 결과는 반드시 그 대칭군에 속하는 대칭요소가 된다. 즉 어느 대칭군의 대칭요소들이 A, B, C 이라면,

$$AB = C$$

가 된다. 또한

$$AB = BA$$

의 결과가 되면 두 대칭요소들은 서로 교환적이라 하고, 이러한 대칭요소들로 구성된 대칭군을 Abelian 대칭군이라 한다.

둘째, 임의의 대칭군 내의 한 대칭요소는 반드시 그 대칭군 내의 다른 대칭요소 X 들과 곱하였을 때 교환적이며, 그 모든 대칭요소들을 변화시키지 않는다. 이 대칭요소를 원대칭요소라 하고 E 로 표시한다. 즉,

$$EX = X$$

혹은

$$EX = XE = X$$

를 만족하는 대칭요소 E 가 모든 대칭군에 반드시 있다.

셋째, 임의의 대칭군 내에서 대칭요소들은 반드시 그 대칭군 내의 다른 대칭요소들과 곱하였을 때 결합 법칙이 적용된다. 즉, 임의의 대칭군 내에 대칭요소들이 A, B, C 등이 있다면

$$(AB)C = A(BC)$$

$$(AB)(CD)(EF)(GH)\cdots = A(BC)(DE)(FG)(HI)\cdots$$

이 만족되어야 한다.

넷째, 임의의 대칭군 내에서 각 대칭요소들은 반드시 각각의 역(Inverse) 대칭요소가 존재하며, 또한 이들은 그 대칭군에 속한다. 즉, 어느 대칭요소 S 의 역 대칭요소를 R 이라 하면

$$SR = RS = E$$

가 성립되는 R 이 존재하여야 한다.

다섯째, 임의의 대칭군 내에서 대칭요소들의 곱의 역은 각 대칭요소의 반대순서로 곱한 것과 같다. 즉, 임의의 대칭군 내에 대칭요소들이 A, B, C 등이면,

$$(ABCDEF\cdots)^{-1} = \cdots F^{-1}E^{-1}D^{-1}C^{-1}B^{-1}A^{-1}$$

이 만족되어야 한다. 이상과 같이 대칭군에서는 일정한 수학적 법칙으로 대칭 시행의 결과를 표현할 수 있음을 알 수 있다.

2.3 대칭군의 물리적 의미

제 1 장에서 언급한 바와 같이 재료를 구성하고 있는 결합에 참여하는 최외각 전자의 지협화는 매우 의미 있는 현상이다. 최외각 물분자 구성에 참여하는 최외각 전자들인 산소원자로부터의 6 개, 각 수소원자로부터의 1 개 등 8 개의 전자들이 이 3 개의 원자들 근처에서 대부분 발견되며 지협화되어 있다고 할 수 있다. 지협화된 전자들은 결합에 의해 형성된 대칭 형태를 따라 매우 제한된 공간에 분포하게 되며, 이 같은 전자의 분포는 이미 형성된 기계적 대칭 형태의 전자기장을 이룬다는 것이다. 이와 같이 특별한 대칭성을 갖고 있는 전자기장에 외부로부터 적외선과 같은 전자파를 보내면 서로 상호작용을 하게 되고, 그 결과를 해석하고 이해하면 재료의 특성을 이해할 수 있게 되는 것이다. 따라서 재료를 이루고 있는 기계적인 분자의 대칭성은 그 분자가 독특한 전자기적 특성을 보유하고 있으리라 예측할 수 있게 한다.

비슷한 종류의 원소들과 같은 비율로 구성되어, 비슷한 전자기적 성질을 나타낼 것으로 여겨질 수 있는 두개의 분자에 대하여 대칭군의 의미를 이

해하여 볼 수 있다. 대표적인 예 중의 하나가 NF_3 와 BF_3 의 경우이다. 그림 2-1에서 알 수 있듯이 NF_3 와 BF_3 는 비록 화학식의 형태는 유사하나, 실제 원자들의 공간적 배치에서는 서로 매우 다름을 알 수 있다. NF_3 의 경우 3 차원 공간 구조를 하여 수직한 120° 회전대칭축과 N 원자와 회전축을 포함한 대칭면 3 개로 구성된 2 개의 대칭요소로 대칭군을 형성하고 있으나, BF_3 는 평면 구조로 수직의 120° 회전대칭축, B 원자와 회전축을 포함한 대칭면 3 개, 그리고 4 개의 원자를 동시에 포함하고 회전축에 수직인 대칭면 등 3 개의 대칭요소로 구성된 다른 대칭군 임을 알 수 있게 된다. 따라서 이 두 분자는 여러 전자기적 성질이 다르게 됨을 예측할 수 있게 된다.

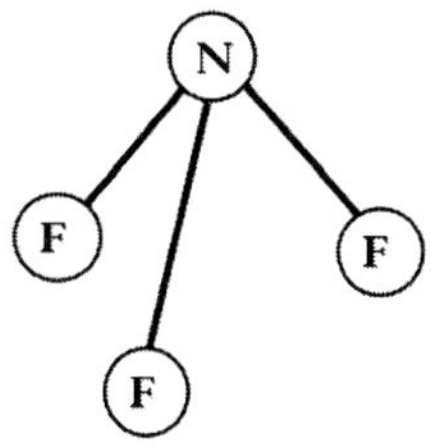

a) NF_3 구조(공간구조)

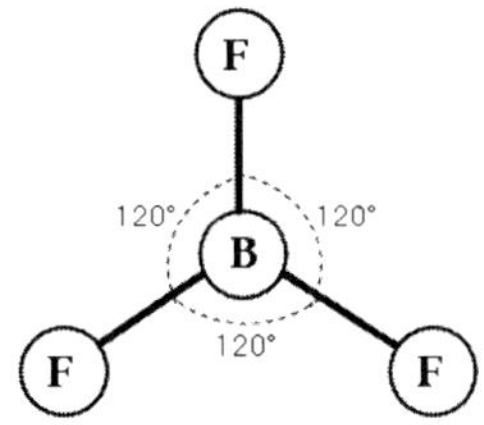

b) BF_3 구조(평면구조)

그림 2-1. 공간구조에 따른 대칭군 분류

또한 같은 평면 구조를 갖고 있는 경우라도 다른 대칭군이 되기 때문에 다른 전자기적 성질을 나타내기도 한다. 그림 2-2에서와 같이 두개의 분자들이 같은 평면 구조를 하고 있으나, 불소 간에 이루는 각도가 90° 인 SiF_4 와 극성이 발생하여 불소 간에 이루는 각도가 90° 가 되지 않는 SF_4의 분자의 경우 핵자기공명 결과가 다름을 알 수 있다. 이와 같은 현상을 대칭군 이론에 의하여 분별할 수 있음을 이해할 수 있게 된다.

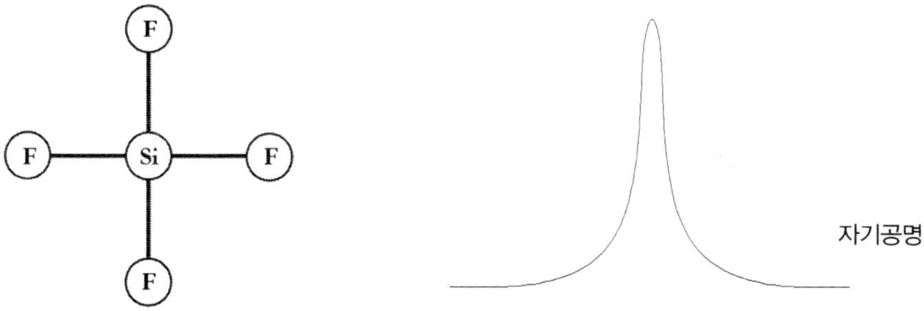

a) SiF_4

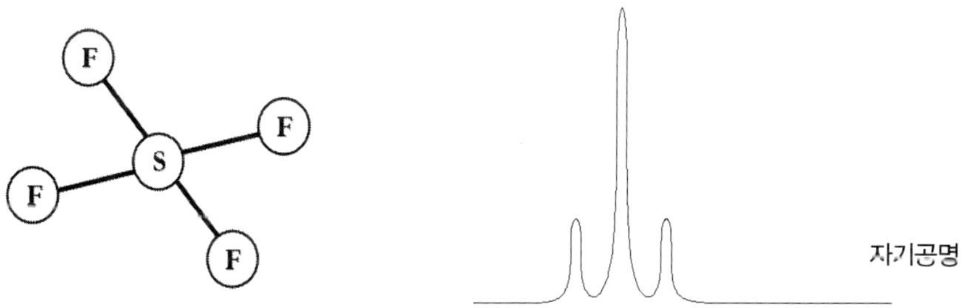

b) SF_4

그림 2-2. 평면구조의 대칭군 차이에 따른 자기공명 반응

2.4 대칭군 증식표

임의의 대칭군 내의 각 대칭요소들의 연속 대칭 시행은 곱하기로 표현할 수 있으며, 이는 대칭군 증식표(Multiplication Table)로 정리할 수 있다. 어느 대칭군이 중복성이 없는 대칭요소들로 되어 있다면, 이들의 곱한 결과, 즉 두개의 연속 대칭 시행의 결과를 손쉽게 이해할 수 있도록 한 것이 증식표이다. 연속한 두 대칭요소를 곱한 결과는 첫 번째 법칙에 의하여 반드시 이 대칭군에 소속된 대칭요소들이어야 하며 반드시 교환적이지 않으므로,

(세로 대칭요소)(가로 대칭요소)의 순서로 표현하여야 한다. 증식표를 계산하여 구성하는데 기본적인 법칙이 있으며 이를 재정렬(Rearrangement) 법칙이라 한다. 즉, 각 세로열과 가로열에는 그 대칭군의 요소들이 오직 한번만 나타나야 한다. 따라서 어느 세로열에서나 가로열에서도 요소들이 같은 배열을 이루는 두개의 열은 없어야 한다. 이같는 각각의 세로열이나 가로열은 대칭군의 요소들을 완벽하게 재정렬한 목록이라 할 수 있다.

G_n			
	↓	→	가로
	세로		

그림 2-3. 대칭군 증식표

중첩성이 없는 어느 대칭군의 Order가 1 이라면 그 대칭군을 G_1로 표시하고, Class 가 1 이고 대칭요소가 하나이므로 E로 표현될 것이다. 마찬가지로 중첩성이 없는 대칭군의 Order가 2 라면 그 대칭군을 G_2로 표시하고, Class가 2 이고 대칭요소가 둘이므로 E와 A로 표현될 수 있다. 이 경우의 증식표는 그림 2-4와 같이 표현할 수 있다. 두 대칭요소의 곱한 결과는 첫번째 법칙에 의하여 반드시 이 대칭군에 소속된 대칭요소들 이어야 하며, 재정렬 법칙에 의해 반드시 $AA = E$가 되어야 함을 알 수 있다.

G_2	E	A
E	EE	EA
A	AE	AA

→

G_2	E	A
E	E	A
A	A	E

그림 2-4. 대칭군 G_2 의 증식표

중첩성이 없는 대칭군의 Order가 3 이면 그 대칭군을 G_3으로 표시하고, Class 가 3 이고 대칭요소가 셋이므로 E, A와 B 로 표현될 수 있다. 이 경우의 증식표는 그림 2-5 a) 혹은 b)와 같이 표현할 수 있다. 만일 c) 에서와 같이 $AA=E$가 된다면, 증식표 구성 개념의 바탕으로 AB, BA 그리고 BB 값을 세로열 및 가로열을 따라 중복성이 없이 정할 수가 없게 된다. 그러나 만일 $AA=B$가 된다면, 증식표 구성 개념을 위배하지 않고 $AB=BA=E$ 그리고 $BB=A$가 될 수 있게 되어 증식표를 d)와 같이 완성할 수 있게 된다. 따라서 Order가 3 인 대칭군의 증식표는 d)에서와 같이 오직 하나가 존재함을 알 수 있다.

a)

G_3	E	A	B
E	EE	EA	EB
A	AE	AA	AB
B	BE	BA	BB

→

b)

G_3	E	A	B
E	E	A	B
A	A	○	○
B	B	○	○

c)

G_3	E	A	B
E	E	A	B
A	A	E	○
B	B	○	○

d)

G_3	E	A	B
E	E	A	B
A	A	B	(E)
B	B	(E)	(A)

그림 2-5. 대칭군 G_3의 증식표

한편 위의 G_3 대칭군의 경우 A, B, E는 각각 A, AA, BA로 쓸 수 있으며, 이는 다시 A, AA, AAA 즉 A, A^2, A^3 의 형식으로 전환하여 표현할 수 있다. 이와 같이 한 대칭군 내의 모든 대칭요소가 한 대칭요소의 지수 변화로 표현되는 대칭군을 순환(Cyclic) 대칭군이라 한다. 이와 같은 순환 대칭군의 특징은, 대칭 요수들의 곱이 서로 교환적이며, Abelian 대칭군이된다는 것이다. 즉 $X^m X^n = X^n X^m$ 이 만족 된다.

중첩성이 없는 대칭군의 Order가 4 라면 그 대칭군을 G_4로 표시하고, Class 가 4 이고 대칭요소가 넷이므로 E, A, B 와 C 로 표현될 수 있다.

만일 G_4가 순환 대칭군이라면 그림 2-6 a)에서와 같이 표현될 것이다. 이때 $BB = E$가 반드시 되어야 함을 알 수 있으며 증식표가 자연스럽게 완성됨을 알 수 있다. 이 경우 B 대칭요소는 자체적으로 역대칭요소가 됨을 알 수 있다. 이번에는 $AA = E$ 그리고 $BB = E$가 동시에 만족되는 경우, 즉 두 대칭요소 A 와 B가 동시에 역대칭요소를 갖고 있다면, 증식표는 b)와 같이 구성이 시작 될 것이다. 따라서 c)에서와 같이 반드시 $AB = C$ 이어야 하며 또한 $CB = A$ 이어야 한다. 최종적으로 $CC = E$ 이면 d)와 같이 증식표가 자연스럽게 완성될 수 있음을 알 수 있다. 이 밖에 어느 경우도 증식표를 새로이 만들 수 없음을 알 수 있다. 따라서 G_4 대칭군의 경우 증식표는 a)의 순환 대칭군과 d)를 포함한 2 가지 경우만이 존재함을 알 수 있다. 이와 같은 방법으로 G_5의 경우 증식표를 구성하여 보면 오직 한 증식표만 존재함을 알 수 있다. 이와 같은 결과는 대칭성이 그 대칭군의 형태의 종류에 따라 매우 유한한 수만이 존재함을 증명하고 있다.

a)

G_4^1	E	A	B	C
E	E	A	B	C
A	A	B	C	
B	B	C	E	
C	C			

b)

G_4^2	E	A	B	C
E	E	A	B	C
A	A	E		
B	B		E	
C	C			

c)

G_4^3	E	A	B	C
E	E	A	B	C
A	A	E	C	B
B	B	C	E	
C	C		A	

d)

G_4^4	E	A	B	C
E	E	A	B	C
A	A	E	C	B
B	B	C	E	A
C	C	B	A	E

그림 2-6. 대칭군 G_4의 증식표

제3장
대칭군 분류

3.1 대칭요소

대칭군을 분류하기 위하여서는 각 요소가 되는 대칭요소들에 대한 이해가 있어야 한다. 대칭군 이론에서는 원대칭(Identity)을 포함하며, 일반적으로 대칭요소들은 축대칭, 면대칭 그리고 점대칭으로 나뉜다. 원대칭은 대칭을 시행하였을 때 원상태가 되는 대칭의 경우를 말한다. 축대칭은 다시 정축(Proper Axis) 대칭과 부축(Improper Axis) 대칭으로 세분되고, 면대칭은 회전축을 포함하고 있어 수직으로 서 있는 수직면에 대한 면대칭과, 회전축에 수직적이고 따라서 수평으로 누워 있는 수평면에 의한 면대칭으로 세분된다. 이와 같은 대칭요소들을 이용하여 대칭군을 분류하고 표현하는 방법은 크게 Schönflies 표현법과 Full 혹은 Short International 표현법이 있는데, 일반적으로 화학에서는 주로 Schönflies 표현법을 재료에서는 International 표현법을 사용하고 있다. 즉 축대칭요소의 경우 180°, 120°, 90° 회전 대칭을 Schönflies 표현법에서는 C_2, C_3, C_4 등으로 표현하고, International 표현법에서는 2, 3, 4 등으로 표현한다. 면대칭요소의 경우 Schönflies 표현법으로는 σ(sigma) 로 나타내고, International 표현법에서는 m으로 나타낸다. Schönflies 표현법에서는 특히 수직면과 수평면 대칭을 분리하여 각각 σ_v, σ_h 로 나타낸다. 그리고 점대칭요소는 일반적으로 i로 나타낸다.

대칭군의 대칭요소에서 반드시 원대칭, E가 포함되어야 한다. 원대칭은 대칭을 시행하였을 때 원상태가 되는 대칭의 경우를 말한다. 어느 점 (x, y, z) 의 원대칭 시행을 다음과 같이 표현할 수 있다.

$$(x,\ y,\ z) \xrightarrow{\quad E \quad} (x,\ y,\ z)$$

이와 같은 시행을 행렬식을 이용하여 다시 표현하면

$$(x,\ y,\ z) \xrightarrow{\quad E \quad} \begin{bmatrix} 1 & 0 & 0 \\ 0 & 1 & 0 \\ 0 & 0 & 1 \end{bmatrix} \begin{bmatrix} x \\ y \\ z \end{bmatrix} = \begin{bmatrix} x \\ y \\ z \end{bmatrix}$$

가 된다. 이 때 $\begin{bmatrix} 1 & 0 & 0 \\ 0 & 1 & 0 \\ 0 & 0 & 1 \end{bmatrix}$ 를 E 변환자(Operator)라 한다.

정축 대칭은 일반적으로 이해하고 있는 회전축에 의한 대칭이다. 어느 대상물의 구조를 관찰하여 통념적으로, 대다수에 의해, 보편타당하게, 관습적으로 혹은 일반적으로 동의하는 중심축이 설정될 수 있으며 이를 정축이라 한다. Schönflies 표현법으로 C_n 으로 나타내며, 180° 회전을 하여도 초기의 모습의 형태를 유지하는 축을 C_2 회전 대칭 정축이라 한다. 같은 원리로 120°, 90°, 60° 등의 회전을 하여도 초기의 모습을 유지하는 경우, 이들을 각각 C_3, C_4, C_6 회전 대칭 정축이라 하며 International 표현법으로는 3, 4, 6 등으로 나타낸다. 구체적으로 어느 점 (x, y, z) 의 x축에 의한 C_2 회전 대칭 변화와 그 결과를 다음과 같이 표현할 수 있다.

$$(x,\ y,\ z) \xrightarrow{\quad C_2 \quad} (x,\ -y,\ -z)$$

이와 같은 변화를 행렬식을 이용하여 다시 표현하면

$$(x,\ y,\ z) \xrightarrow{\quad C_2 \quad} \begin{bmatrix} 1 & 0 & 0 \\ 0 & -1 & 0 \\ 0 & 0 & -1 \end{bmatrix} \begin{bmatrix} x \\ y \\ z \end{bmatrix} = \begin{bmatrix} x \\ -y \\ -z \end{bmatrix}$$

가 된다. 이 때 $\begin{bmatrix} 1 & 0 & 0 \\ 0 & -1 & 0 \\ 0 & 0 & -1 \end{bmatrix}$ 를 C_2 변환자라 한다.

일반적으로 2 차원의 임의의 점 (x_1, y_1) 를 고려하여 보자. 그림 3-1에서와 같이 임의의 각 θ로 점 (x_1, y_1) 를 지면에 수직인 z축을 이용하여 반시계 방향으로 회전하여 점 (x_2, y_2) 가 되었다고 하면, x_2 및 y_2 를 x_1 및 y_1 로 다음과 같이 표현할 수 있다.

$$x_2 = x_1\cos\theta - y_1\sin\theta$$
$$y_2 = x_1\sin\theta + y_1\cos\theta$$

이를 다시 행렬식으로 표현하여 보면

$$\begin{bmatrix} \cos\theta & -\sin\theta \\ \sin\theta & \cos\theta \end{bmatrix}\begin{bmatrix} x_1 \\ y_1 \end{bmatrix} = \begin{bmatrix} x_2 \\ y_2 \end{bmatrix}$$

가 된다. z 축을 고려한 3 차원으로 확장하여 보면

$$\begin{bmatrix} \cos\theta & -\sin\theta & 0 \\ \sin\theta & \cos\theta & 0 \\ 0 & 0 & 1 \end{bmatrix}\begin{bmatrix} x_1 \\ y_1 \\ z_1 \end{bmatrix} = \begin{bmatrix} x_2 \\ y_2 \\ z_1 \end{bmatrix}$$

가 되어 일반적인 3 차원 회전축 변환자를 구할 수 있으며, 이 때 z 축의 값은 변하지 않음을 알 수 있다. 위의 식에 θ 값을 180°, 120°, 90°, 60° 등의 회전각을 대입하면 각각 C_2, C_3, C_4, C_6 등의 회전 대칭의 변환자를 행렬식으로 표현할 수 있게 된다. 또한 C_4 대칭 시행의 경우 매번의 90° 회전의 시행을 각각 $C_4^{\ 1}$, $C_4^{\ 2}$, $C_4^{\ 3}$, $C_4^{\ 4}$ (혹은 E) 등으로 표현한다.

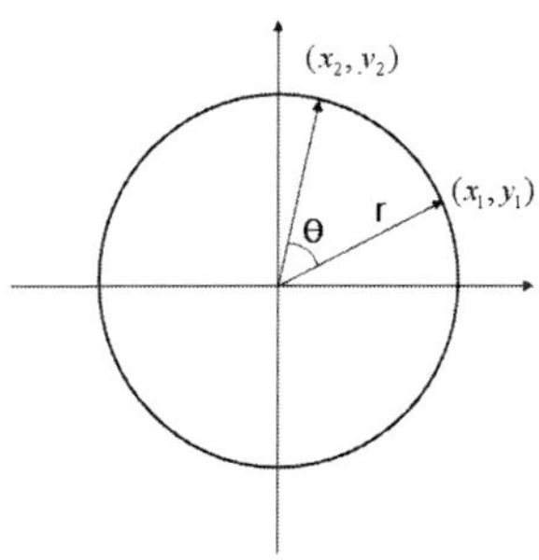

그림 3-1. 회전에 따른 좌표 이동

z 축으로 회전하는 대칭의 변환자의 의미를 이해하여 보자. 이 변환자의 3×3, 3차원 공간의 일반적인 형태를 보이고 있다.

$$\begin{bmatrix} \cos\theta & -\sin\theta & 0 \\ \sin\theta & \cos\theta & 0 \\ 0 & 0 & 1 \end{bmatrix}$$

다음의 특수한 행렬의 계산을 관찰하여 보면, 2×2, 1×1 및 3×3 의 작은 행렬 만을 계산하여도 결과가 같게 됨을 알 수 있다. 따라서 위의 회전대칭 변환자의 경우도 2×2 및 1×1 의 2 개의 저차원 변환자만 고려하여도 3×3 의 3차원 변환자를 고려하는 것과 수학적으로 결과가 같음을 알 수 있다. 이와 같이 복잡한 고차원의 행렬을 계산하기 쉬운 저차원으로 나누는 것을 세분화(Block Factoring)라 하며, 제 4 장에서 다루게 될 대칭군의 최소대표요소(Irreducible Representation)에 해당하게 되는 것이다.

$$\begin{bmatrix} 1 & 0 & 0 & 0 & 0 & 0 \\ 1 & 2 & 0 & 0 & 0 & 0 \\ 0 & 0 & 3 & 0 & 0 & 0 \\ 0 & 0 & 0 & 1 & 3 & 2 \\ 0 & 0 & 0 & 1 & 2 & -2 \\ 0 & 0 & 0 & 4 & 0 & 1 \end{bmatrix} \begin{bmatrix} 4 & 1 & 0 & 0 & 0 & 0 \\ 2 & 3 & 0 & 0 & 0 & 0 \\ 0 & 0 & 1 & 0 & 0 & 0 \\ 0 & 0 & 0 & 0 & 1 & 2 \\ 0 & 0 & 0 & 3 & 0 & 2 \\ 0 & 0 & 0 & 2 & 1 & 1 \end{bmatrix} = \begin{bmatrix} 4 & 1 & 0 & 0 & 0 & 0 \\ 8 & 7 & 0 & 0 & 0 & 0 \\ 0 & 0 & 3 & 0 & 0 & 0 \\ 0 & 0 & 0 & 13 & 3 & 10 \\ 0 & 0 & 0 & 2 & -1 & 4 \\ 0 & 0 & 0 & 2 & 5 & 9 \end{bmatrix}$$

부축 대칭은 일반적으로 이해하고 있는 회전축에 의한 대칭과 약간 다름을 알 수 있으며, Schönflies 표현법에서 S_n 으로 나타낸다. S_n 대칭은 2 단계로 시행하여야 하는데, $360°/n$ 만큼 회전대칭을 한 뒤, 계속해서 연속적으로 그 회전축에 수직한 면에 대해 면대칭을 하여야 한다. 그림 3-2에서와 같이 S_4 부축 회전 대칭의 경우, 어느 점 (x, y, z)을 z축에 의해 처음 90° 회전한 후 그 회전축에 수직한면에 의해 대칭한 S_4^1 회전 대칭 변화의 결과를 다음과 같이 표현할 수 있다.

$$(x, y, z) \xrightarrow{S_4^1} (-y, x, -z)$$

이와 같은 변화를 행렬식을 이용하여 다시 표현하면

$$(x, y, z) \xrightarrow{S_4^1} \begin{bmatrix} 0 & -1 & 0 \\ 1 & 0 & 0 \\ 0 & 0 & -1 \end{bmatrix} \begin{bmatrix} x \\ y \\ z \end{bmatrix} = \begin{bmatrix} -y \\ x \\ -z \end{bmatrix}$$

가 된다. 이 때 $\begin{bmatrix} 0 & -1 & 0 \\ 1 & 0 & 0 \\ 0 & 0 & -1 \end{bmatrix}$ 를 S_4^1 변환자라 한다.

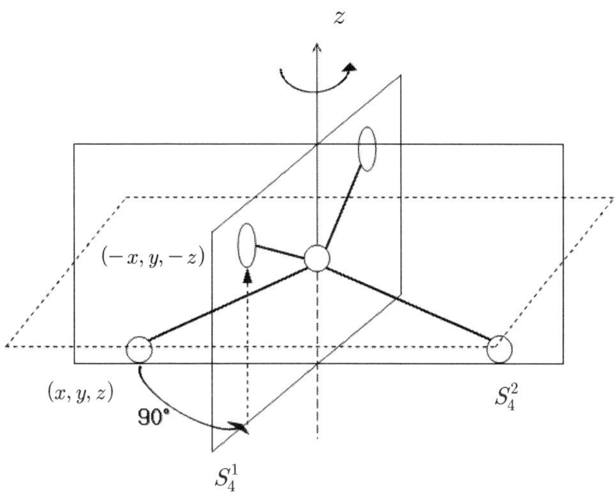

그림 3-2. S_4^1 회전 대칭

따라서 S_n 부축 대칭의 경우 일반적으로 변환자를 표현하면

$$\begin{bmatrix} \cos(\frac{360^\circ}{n}) & -\sin(\frac{360^\circ}{n}) & 0 \\ \sin(\frac{360^\circ}{n}) & \cos(\frac{360^\circ}{n}) & 0 \\ 0 & 0 & -1 \end{bmatrix}$$

로 쓸 수 있다. S_4 부축 회전 대칭의 경우 C_4 정축 회전 대칭과 비교하여 특이한 것은 S_4^2가 되어야 비로서 C_2^1이 된다는 것이다. 그리고 S_4^4 시행 후 원상태의 대칭 모습으로 됨을 알 수 있다. 따라서 일반적으로 $S_n^n = C_n^n$ (n =짝수)이고 $S_n^{2n} = C_n^n$ (n=홀수) 가 된다. 예를 들어 S_6 대칭의 경우 $S_6^2 = C_3^1$, $S_6^3 = i$ 그리고 $S_6^6 = E$가 된다. 즉 n =짝수 일 때는 S_n 대칭요소가 있으면 반드시 $C_{n/2}$ 대칭요소가 존재한다.

한편 S_6 대칭의 경우는 좀 복잡하여 다음과 같이 표현됨을 알 수 있다.

$$S_5^{\,1} = C_5 + \sigma$$

$$S_5^{\,2} = C_5^{\,2}$$

$$S_5^{\,3} = C_5^{\,3} + \sigma$$

$$S_5^{\,4} = C_5^{\,4}$$

$$S_5^{\,5} = \sigma$$

$$S_5^{\,6} = C_5$$

$$S_5^{\,7} = C_5^{\,2} + \sigma$$

$$S_5^{\,8} = C_5^{\,3}$$

$$S_5^{\,9} = C_5^{\,4} + \sigma$$

$$S_5^{\,10} = E$$

그림 3-3은 이와 같은 정축 회전 대칭 및 부축 회전 대칭을 기호로 정리한 것이다. 이 기호들은 이미 결정학 혹은 X-선 회절 등을 통하여 알려져 있으며, 특히 스테레오투상(Stereographic Projection)에서 면간의 각과 함께 축대칭 기호를 표시하여 결정학적인 구조를 이해하도록 하고 있다.

n	정축	부축
2	⬮	⬯
3	▲	△
4	■	□
5	⬟	⬠
6	⬢	⬡

(계속)

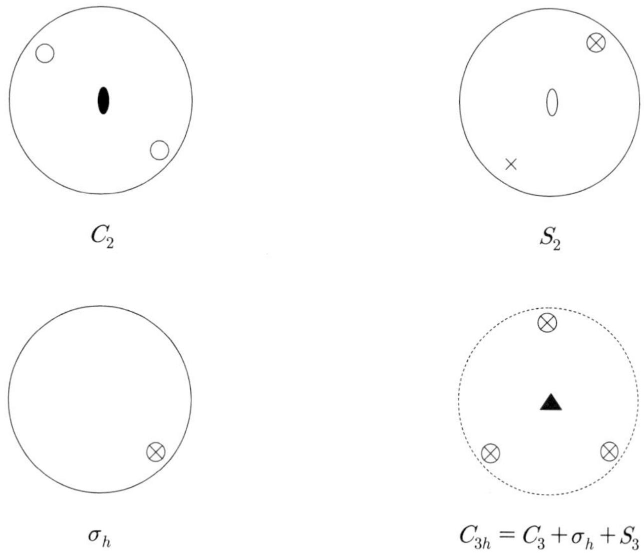

그림 3-3. 대칭축 기호

면대칭은 회전축을 포함하고 있어 수직으로 서 있는 수직면에 대한 면대칭과 회전축에 수직적이고 따라서 수평으로 누워 있는 수평면에 의한 면대칭으로 세분되기도 하지만, xy 면, yz 면 및 xz 면에 의한 대칭으로 표현하는 것이 수학적으로 용이하다 할 수 있다. 어느 점 $(x,\ y,\ z)$ 의 xy 면에 의한 σ_{xy} 대칭 변화를 다음과 같이 표현할 수 있다.
이와 같은 변화를 행렬식을 이용하여 다시 표현하면

$$(x,\ y,\ z) \xrightarrow{\quad \sigma_{xy} \quad} (x,\ y,\ -z)$$

이와 같은 변화를 행렬식을 이용하여 다시 표현하면

$$(x,\ y,\ z) \xrightarrow{\quad \sigma_{xy} \quad} \begin{bmatrix} 1 & 0 & 0 \\ 0 & 1 & 0 \\ 0 & 0 & -1 \end{bmatrix} \begin{bmatrix} x \\ y \\ z \end{bmatrix} = \begin{bmatrix} x \\ y \\ -z \end{bmatrix}$$

가 된다. 이 때

$$\begin{bmatrix} 1 & 0 & 0 \\ 0 & 1 & 0 \\ 0 & 0 & -1 \end{bmatrix}$$

를 σ_{xy} 변환자라 한다. 마찬가지로 yz 및 xz 면들에 의한 대칭의 변환자들은 각각

$$\begin{bmatrix} -1 & 0 & 0 \\ 0 & 1 & 0 \\ 0 & 0 & 1 \end{bmatrix} \text{ 및 } \begin{bmatrix} 1 & 0 & 0 \\ 0 & -1 & 0 \\ 0 & 1 & 0 \end{bmatrix}$$

으로 표현된다.

점대칭(i)은 원점을 중심으로 대칭을 시행하였을 때 서로 대각선으로 대칭이 되는 경우를 말한다. 어느 점 (x, y, z)의 원점에 의한 i 대칭 변화를 다음과 같이 표현할 수 있다.

$$(x, y, z) \xrightarrow{\quad i \quad} (-x, -y, -z)$$

이와 같은 변화를 행렬식을 이용하여 다시 표현하면

$$(x, y, z) \xrightarrow{\quad i \quad} \begin{bmatrix} -1 & 0 & 0 \\ 0 & -1 & 0 \\ 0 & 0 & -1 \end{bmatrix} \begin{bmatrix} x \\ y \\ z \end{bmatrix} = \begin{bmatrix} -x \\ -y \\ -z \end{bmatrix}$$

가 된다. 이 때

$$\begin{bmatrix} -1 & 0 & 0 \\ 0 & -1 & 0 \\ 0 & 0 & -1 \end{bmatrix}$$

를 i 변환자라 한다.

이상의 대칭 시행을 몇 가지 예의 경우 기호를 이용하여 표현하여 보면 그림 3-4 와 같다. a) 에서와 같이 회전대칭축을 지면에 수직으로 하고, 수평대칭면을 원으로 표시한다. 수평대칭면이 없으면 점선의 원으로 나타내

며, 수직대칭면은 직선으로 표시한다. 수평면의 위에 위치한 점은 작은 o 로 표시하고, 밑의 점은 × 로 표시한다. b) 는 주요 대칭요소들을 표시하고 있다.

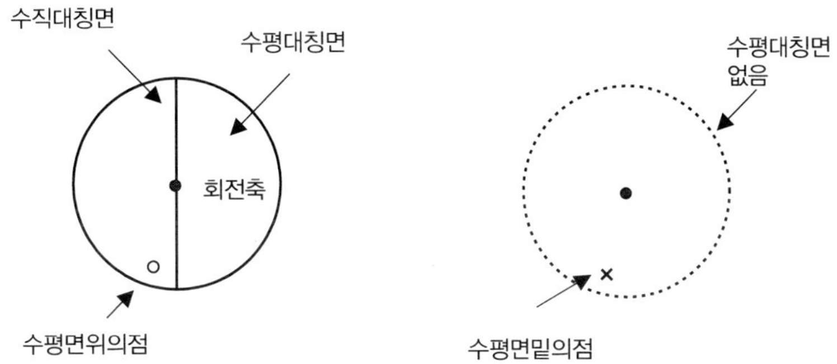

a) 대칭표시법

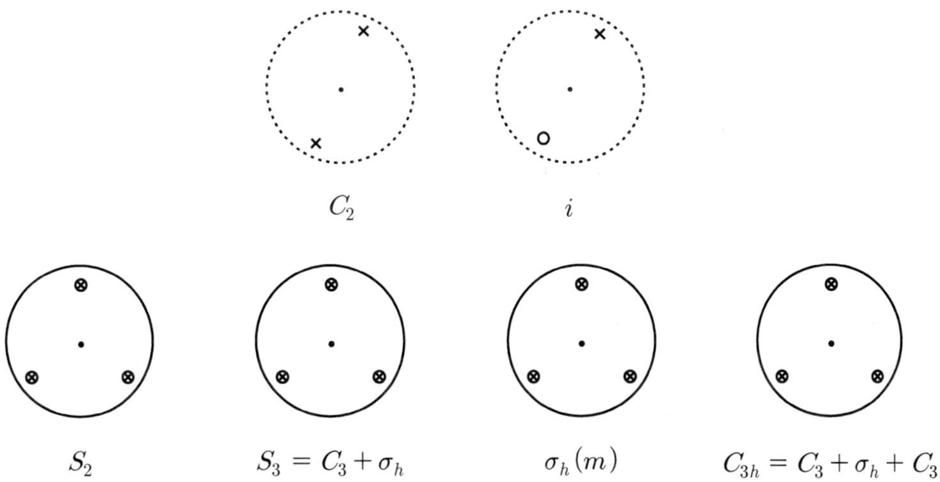

b) 대칭 기호

그림 3-4. 대칭의 표시

위에서 이미 행렬식을 다양한 대칭요소에 따라 세분화하여 표현하여 보았다. 또한 대칭군에서 S_n 혹은 연속적인 두개의 대칭 시행을 할 때, 그 결과는 관련 변환자의 곱으로 계산하여 표현 할 수 있다. 이와 같은 행렬식 계산을 일반화하여 표현하여 보면 다음 식과 같다. 예를 들어 S_2^1 대칭 시행을 위하여 C_2 대칭을 시행한 뒤, 연속해서 σ_h 대칭을 시행하면 그 결과는 다음 그림과 같고 위의 행렬식들을 이용하여 간단히 계산할 수 있다.

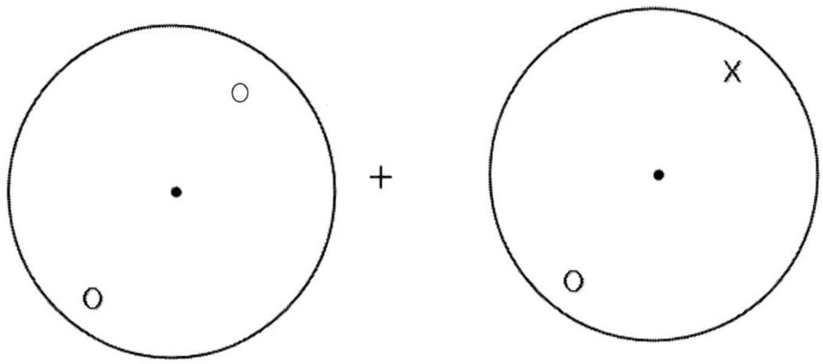

C_2 σ_h

즉, $\begin{bmatrix} -1 & 0 & 0 \\ 0 & -1 & 0 \\ 0 & 0 & 1 \end{bmatrix} \begin{bmatrix} 1 & 0 & 0 \\ 0 & 1 & 0 \\ 0 & 0 & -1 \end{bmatrix} = \begin{bmatrix} -1 & 0 & 0 \\ 0 & -1 & 0 \\ 0 & 0 & -1 \end{bmatrix}$ 으로 계산될 수 있다.

3.2 대칭군 분류

대칭요소들을 분류하고 표현하는 기법은 크게 2 가지인 Schönflies 표현법과 Full 혹은 Short International 표현법이 있는데, 일반적으로 화학에서는 주로 Schönflies 표현법을, 재료에서는 International 표현법을 사용하고 있다. 재료공학을 위한 내용을 다루고 있음에도 불구하고 편리하며 대칭군으로 분류한 뒤 보다 선명히 대칭군을 이해할 수 있는 것이 Schönflies 기법이라 할 수 있다. 그림 3-5는 Schönflies 기법으로 대칭군을 분류하는 계통도를 보여 주고 있다. 대상물이 결정되면 일반적인 선형의 고분자가 아님을 확인하고 다음 단계를 진행한다. 보편타당한 주 태칭정축 혹은 부축이 있는가를 확인하고 회전각도를 확인하여 360°/회전각도를 계산하여 n 값을 정한다. 부축이 있으면 S 대칭군으로 분류하고, 정축이 있으면 정축에 수직인 n 개의 C_2 축이 있는가를 확인하여, 있으면 D_n , 없으면 C_n 으로 분류한다. D_n 혹은 C_n 의 경우 정축에 수직인 수평 대칭면이 있으면 D_{nh} 혹은 C_{nh} 으로 분류한다. 수평대칭면의 존재 여부와 무관하게 n 개의 수직 대칭면이 있으면 D_{nd} 혹은 C_{nd} 또는 D_{nv} 혹은 C_{nv}가 되며, 이 같은 수평 혹은 수직 대칭면이 없는 경우 최종적으로 D_n 혹은 C_n 등으로 남는다.

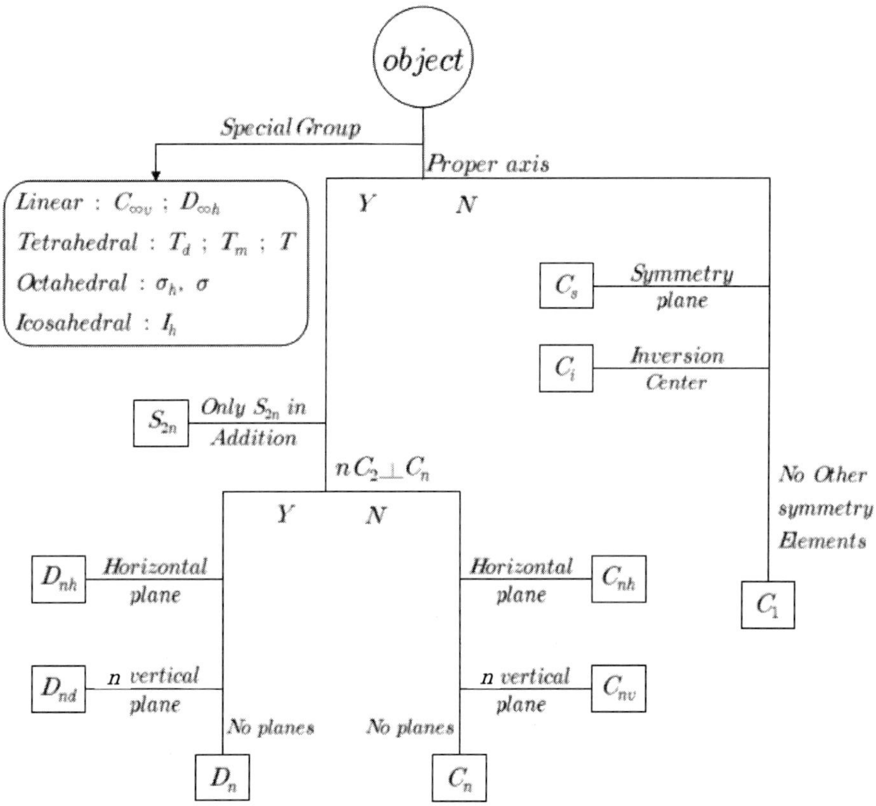

그림 3-5. Schönflies 대칭군 분류 계통도

예를 들어 반도체 기판으로 이용하고 있는 실리콘 단결정은 결정 성장법에 기인하여 10ppm 내외의 산소를 침입형으로 용해하고 있으며 그림 3-6에서와 같은 구조를 하고 있다. 산소 원자를 포함하며 수직인 회전축을 보편타당하게 설정할 수 있다. 이것이 부축이 아닌 정축임이 확인 되고 회전대칭각이 180° 이므로 C_2 로 분류가 된다. 정축에 수직하는 2 개의 C_2 축이 존재하지 않으므로 D_2 가 아닌 C_2 대칭군으로 분류된다. 다음에 정축에 수직인 수평 대칭면은 없으나, 2 개의 서로 성격이 다른 수직 대칭면이 존재하므로, 최종적인 대칭군은 C_{2v} 로 확정됨을 알 수 있다. 이와 같은 C_{2v} 대칭군의 대칭요소들은 E, C_2, σ_v, 및 σ_v' 등의 4 개가 존재하여 Class 가 4 그리고 Order 도 4임을 알 수 있다. 4 개의 대칭요소들을 이용하여 증식표를 구성하면 그림 3-7과 같이 나타낼 수 있다.

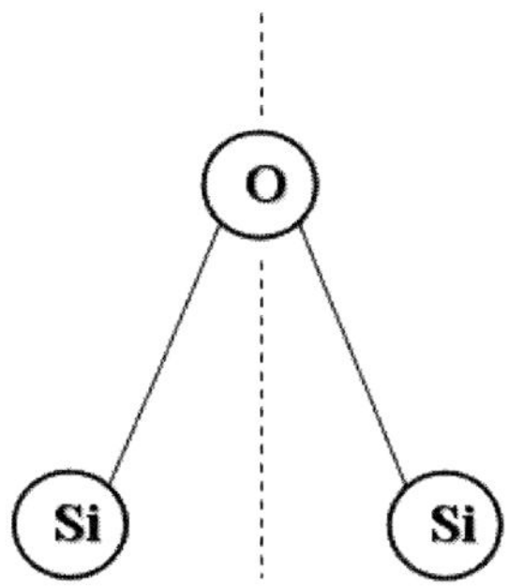

그림 3-6. 실리콘 단결정 내의 산소의 구조

C_{2v}	E	C_2	σ_v	σ_v'
E	EE	EC_2	$E\sigma_v$	$E\sigma_v'$
C_2	C_2E	C_2C_2	$C_2\sigma_v$	$C_2\sigma_v'$
σ_v	σ_vE	σ_vC_2	$\sigma_v\sigma_v$	$\sigma_v\sigma_v'$
σ_v'	$\sigma_v'E$	$\sigma_v'C_2$	$\sigma_v'\sigma_v$	$\sigma_v'\sigma_v'$

→

C_{2v}	E	C_2	σ_v	σ_v'
E	E	C_2	σ_v	σ_v'
C_2	C_2	E	σ_v'	σ_v
σ_v	σ_v	σ_v'	E	C_2
σ_v'	σ_v'	σ_v	C_2	E

그림 3-7. C_{2v} 대칭군의 증식표

또한 전기적 특성을 확보하기 위하여 실리콘 단결정에 첨가하는 붕소, 알루미늄, 인 혹은 안티모니 등의 원소들은 그림 3-8에서와 같이 실리콘 원자를 치환하는 형태로 존재하게 된다. 맨 위의 실리콘 원자와 치환 원자를 포함하며 수직인 회전축을 보편타당하게 설정할 수 있다. 이것이 부축이 아닌 정축임이 확인 되고 회전 대칭각이 120° 이므로 C_3 로 분류가 된다. 정축에 수직하는 3 개의 C_2 축이 존재하지 않으므로 D_3 가 아닌 C_3 대칭군으로 분류된다. 다음에 정축에 수직인 수평 대칭면은 없으나, 3 개의 서로 성격이 같은 수직 대칭면이 존재하므로, 최종적인 대칭군은 C_{3v} 로 확정됨을 알 수 있다. 이와 같은 C_{3v} 대칭군의 대칭요소들은 E, $2C_3$, 및 $3\sigma_v$ 등의 3 개가 존재하여, Class가 3이되고 Order가 6임을 알 수 있다.

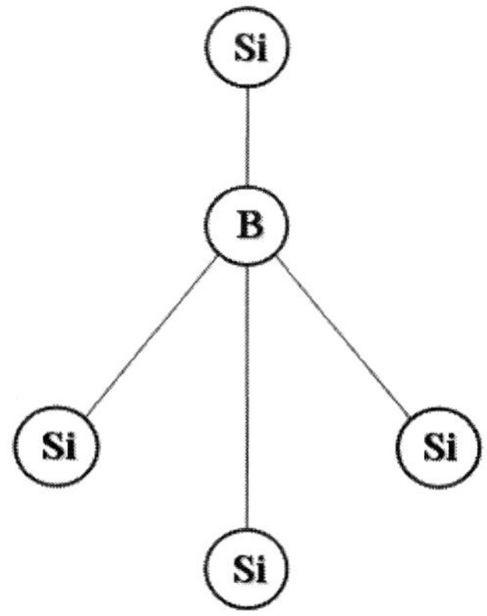

그림 3-8. 실리콘 단결정 내의 치환형 원자의 대칭구조

다른 예로 그림 2-1 b) BF_3의 평면 구조 형태의 대칭군을 결정하자. B를 관통하며 지면에 수직인 보편타당한 정축을 확정할 수 있으며, 대칭회전각이 120° 이므로 C_3 로 분류가 된다. 정축에 수직하는 3 개의 C_2 축이 존재하므로 D_3로 분류 된다. 다음에 정축에 수직인 수평 대칭면이 존재함을 알 수 있으므로 D_{3h}로 확정됨을 알 수 있다. 이와 같은 D_{3h} 대칭군은 매우 대칭성이 높아 대칭요소들은 E, $2C_3$, $3C_2$, σ_h, $2S_3$, 및 $3\sigma_v$ 등의 6 개가

존재하여, Class가 6이되고 Order가 12임을 알 수 있다.

한편 그림 3-9과 같은 International 기법으로 분류하는 계통도의 경우도 Schönflies 기법과 유사한 방법으로 대칭군을 분류하게 된다. 따라서 위의 C_{2v} 대칭군은 mm 대칭군으로 분류됨을 알 수 있다.

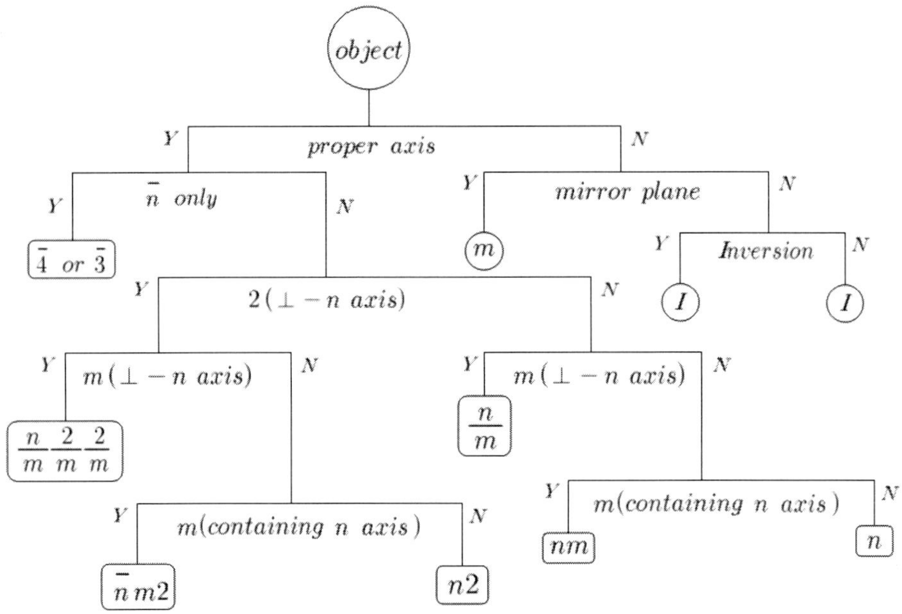

그림 3–9. International 대칭군 분류 계통도

3.3 결정학적 대칭군

재료공학에서 다루는 7 가지의 결정계는 32 개의 점격자로 세분할 수 있으며, 이는 표3-2 및 그림 3-10에서와 같이 32 개의 대칭군으로 분류 정리할 수 있다. 이와 같은 32 개의 점격자는 다시 230 개의 대칭군으로 분류될 수

있음이 증명되어 있다. 일반적으로 결정구조가 복잡할수록 대칭성이 낮고, 결정구조가 단순할수록 대칭성이 크다 할 수 있다. 표 3-2에서와 같이 Triclinic 결정구조가 제일 복잡하고 따라서 대칭성이 매우 낮아, 대칭성이 없는 경우와 점대칭이 있는 경우의 2 경우가 있다. 대칭성이 없는 경우 E 대칭요소만 존재하며 점대칭이 되는 경우 E 와 i 의 두 대칭요소가 있음을 알 수 있다. 따라서 대칭성을 나타내는 Order 가 1 혹은 2인 매우 낮은 대칭성을 보여주는 각각 C_1 및 C_i 의 대칭군으로 분류된다. Monoclinic 의 경우 C_2 축이 있는 경우, 수평 대칭면이 있는 경우, 및 점대칭이 있는 경우의 3 가지 대칭군으로 세분됨을 알 수 있다. 제일 간단한 구조라고 인식되고 있는 정육면체의 경우 Order 가 큰 매우 높은 대칭성을 갖게 되며 5 개의 대칭군으로 분류됨을 알 수 있다.

[표 3-2] 32 개의 점격자의 대칭군

NUMBER	SCHOENFLIES SYMBOL	INTERNATIONAL SYMBOL	CRYSTAL SYSTEM
1	C_1	1	Triclinic
2	C_i	$\bar{1}$	
3	C_s	m	Monoclinic
4	C_2	2	
5	C_{2h}	$2/m$	
6	C_{2v}	mm	Orthorhombic
7	D_2	222	
8	D_{2h}	mmm	
9	C_4	4	Tetragonal
10	S_4	$\bar{4}$	
11	C_{4h}	$4/m$	
12	C_{4v}	$4mm$	
13	D_{2d}	$\bar{4}2m$	
14	D_4	422	
15	D_{4h}	$4/mmm$	

16	C_3	3	Rhombohedral
17	S_6	$\bar{3}$	
18	C_{3v}	$3m$	
19	D_3	32	
20	D_{3d}	$\bar{3}m$	
21	C_{3h}	$\bar{6}$	Hexagonal
22	C_6	6	
23	C_{6h}	$6/m$	
24	D_{3h}	$\bar{6}m2$	
25	C_{6v}	$6mm$	
26	D_6	622	
27	D_{6h}	$6/mmm$	
28	T	23	Cubic
29	T_h	$m3$	
30	T_d	$\bar{4}3m$	
31	σ	432	
32	σ_h	$m3m$	

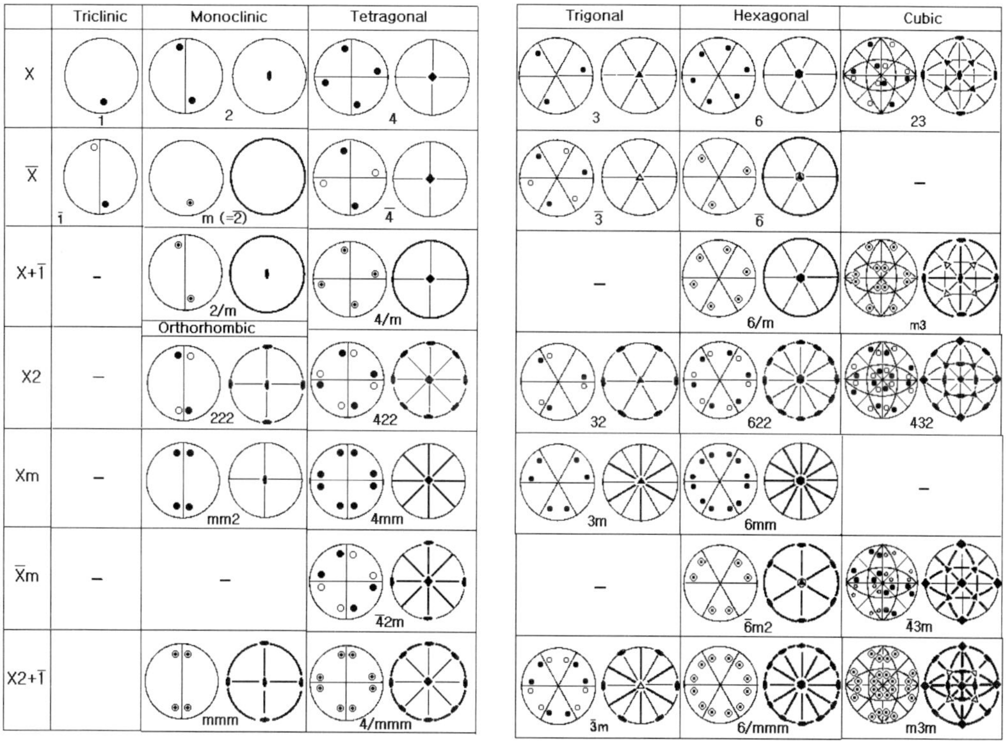

그림 3-10. 32 개 점격자의 대칭군 분류 기호

제4장

특성표(Character Table)

4.1 특성의 정의

특성표에 표현된 어느 대칭군에서의 특성, χ는 그 대칭군의 모든 대칭요소들을 대칭적 의미를 갖고 있는 수학적인 부호로 표현한 것이다. 대칭군의 변환자와 같이, 행렬 중에서 정사각(Square) 행렬의 경우, 특성은 행렬의 대각선의 합으로 정의한다. 일반적으로 m개의 행과 n개의 열로 되어 있는 행렬에서 $m=n$인 경우를 정사각 행렬이라 하며, 아래 임의의 정사각 행렬의 경우,

$$\begin{bmatrix} a_{11} & a_{12} & a_{13} & --- & a_{1n} \\ a_{21} & a_{22} & a_{23} & --- & a_{2n} \\ a_{j1} & a_{j2} & a_{j3} & --- & a_{jn} \\ . & . & . & . & . \\ . & . & . & . & . \\ . & . & . & . & . \\ a_{n1} & a_{n2} & a_{n3} & --- & a_{nn} \end{bmatrix}$$

정사각 행렬의 특성은

$$\chi = \sum_j a_{jj}$$

로 표현할 수 있다. 예를 들어 C_n 회전 대칭의 변환자는 아래와 같으며 이 회전 대칭의 특성 χ는 $\chi = 2\cos(\frac{360^\circ}{n}) + 1$ 이 된다.

$$\begin{bmatrix} cos(\frac{360^\circ}{n}) & -sin(\frac{360^\circ}{n}) & 0 \\ sin(\frac{360^\circ}{n}) & cos(\frac{360^\circ}{n}) & 0 \\ 0 & 0 & 1 \end{bmatrix}$$

앞 장의 3.1 항에서 언급한 바와 같이 이 회전대칭 변환자는 2×2 및 1×1의 두개의 최소 변환자로 블럭화하여 대신할 수 있다. 이 때 두개의

특성 χ_1 및 χ_2는 각각 $\chi_1 = 2\cos(\frac{360°}{n})$ 및 $\chi_2 = 1$이 되며 이는 χ 특성과 동등하다고 할 수 있다. 즉

$$\chi = \chi_1 + \chi_2$$

가 성립됨을 알 수 있다. 대칭군에서는 정사각 행렬 만으로 변환자가 표현되므로 정사각 행렬의 특수성에 대하여 음미하여 보자. 정사각 행렬은 특별한 경우 위에서와 같이 불록화가 가능하며, 블럭화된 최소 특성만으로 정사각 행렬을 표현할 수 있다. 이와 같이 블럭화가 가능한 행렬을 줄일 수 있는(Reducible) 행렬이라 하며, 더 이상 줄일 수 없는(Irreducible) 행렬을 최소 행렬이라 한다. 예를 들어 원대칭의 경우 대칭 변환자는

$$\begin{bmatrix} 1 & 0 & 0 \\ 0 & 1 & 0 \\ 0 & 0 & 1 \end{bmatrix}$$

이며 따라서 특성 $\chi = 3$ 이다. 이 행렬은 다시

$$\begin{bmatrix} 1 & 0 \\ 0 & 1 \end{bmatrix}, \begin{bmatrix} 1 \end{bmatrix}$$

이 되어 각각의 특성이 $\chi_1 = 2$ 그리고 $\chi_2 = 1$ 이 된다. 혹은 더 이상 줄일 수 없는 최소 행렬인

$$\begin{bmatrix} 1 \end{bmatrix}, \begin{bmatrix} 1 \end{bmatrix}, \begin{bmatrix} 1 \end{bmatrix}$$

로 되어 각각의 특성이 $\chi_1 = 1$, $\chi_2 = 1$ 그리고 $\chi_3 = 1$ 이 된다. 이와 같이 복잡한 고차원의 행렬식을 줄일 수 없는 저차원으로 나누는 것을 블럭화라 하며, 다음 4.2. 장에서 다루게 될 최소대표요소에서 대칭적 의미를 이해할 수 있다.

4.2 특성표 작성

대표요소는 특성표에 나타내며, 마치 눈을 감고 코끼리를 만져 코끼리의 특징을 표현하는 것과 같다. 이 때 코끼리라는 어느 대칭군의 특징을 나타내는 대표요소들은 귀, 다리, 배, 꼬리 등이 될 것이다. 또한 어느 경우는 두 부위를 동시에 만져서 코끼리의 특징을 대표요소로 표현할 수도 있다. 이와 같이 특성표는 블럭화되어 있는 각 대칭 요소들의 변환자 행렬의 특성들을 정리하여 모아 놓은 표이다. 그림 4-1 은 부록에 있는 특성표들 중에서 C_{2v} 대칭군의 특성표의 변형을 보여주고 있다. 맨 위의 행은 C_{2v} 대칭군의 대칭 요소들을 나열하고 맨 왼쪽 열은 Γ_1, Γ_2, Γ_3, Γ_4, Γ_5, Γ_6의 6 개 대표요소들을 나열하고 있다. 이들 중에서 Γ_1, Γ_2, Γ_3는 더 이상 줄일 수 없는 최소대표요소(Irreducible Representation)라 하고, Γ_4, Γ_5와 Γ_6은 줄일 수 있는 대표요소들이다. 한편 가운데 부분의 정수들은 모두 블럭화된 대칭요소들의 특성들이며, Γ_1, Γ_2, Γ_3의 정수들은 줄일 수 없는 최소대표요소들을 나열한 것이고 Γ_4, Γ_5, Γ_6의 정수들은 줄일 수 있는 대표요소들을 모아놓은 것이다. 즉 E, C_2, σ_v, 및 $\sigma_v{}'$ 등의 대칭요소들로 구성된 C_{2v} 대칭군을 대표할 수 있는 최소대표요소들은 Γ_1, Γ_2, Γ_3이고 줄일 수 있는 대표요소들은 Γ_4, Γ_5, Γ_6등이 된다. 다시 말하면 C_{2v} 대칭군이라는 코끼리를 대표할 수 있는 표현들은 Γ_1에 해당하는 귀, Γ_2에 해당하는 다리 등이 된다는 것이다.

C_{2v}	E	C_2	σ_v	$\sigma_v{}'$	
Γ_1	1	−1	1	−1	귀
Γ_2	1	−1	−1	1	다리
Γ_3	1	1	1	1	코
Γ_4	3	−1	1	1	귀, 다리와 코
Γ_5	2	−2	0	0	귀와 다리
Γ_6	2	0	0	2	다리와 코

그림 4-1. 특성표의 개념

다시 C_{2v} 대칭군의 변환자를 관찰하여 보자.

$$
\begin{array}{cccc}
E & C_2 & \sigma_v & \sigma_v' \\
\begin{bmatrix}1&0&0\\0&1&0\\0&0&1\end{bmatrix} &
\begin{bmatrix}-1&0&0\\0&-1&0\\0&0&1\end{bmatrix} &
\begin{bmatrix}1&0&0\\0&-1&0\\0&0&1\end{bmatrix} &
\begin{bmatrix}-1&0&0\\0&1&0\\0&0&1\end{bmatrix}
\end{array}
$$

블럭화하기 전의 대각선 방향의 합인 특성들을 나열하면 Γ_4 대표요소로 표현됨을 알 수 있다. 제 3 장에서 언급한 바와 같이 최소 블럭화는 1×1이 되므로 3 개의 최소 블럭화가 가능하다. 처음 블럭화된 첫째 행의 특성들을 나열하면 Γ_1이 되고, 둘째 행의 특성들을 나열하면 Γ_2가 되며, 셋째 행의 특성들을 나열하면 Γ_3가 된다. 이는 마치 코끼리의 귀, 다리, 및 배를 각각 만져서 코끼리의 특징을 대표한다고 주장하여 보는 것과 같다할 수 있다. 또한 첫 행과 둘째 행으로 구성된 2×2 블럭화된 줄일 수 있는 행렬의 특성들을 나열하면 Γ_5가 되며, 둘째와 셋째 행으로 구성된 2×2 블럭화된 줄일 수 있는 행렬의 특성들을 나열하면 Γ_6이 됨을 알 수 있다. 이와 같이 어느 대칭군의 모든 대칭요소의 특성들을 한 세트로 표현한 것을 대표요소라 한다.

일반적으로 특성표는 최소대표요소들로만 구성되어야 한다. 부록에서 C_{2v} 대칭군의 특성표는 4 개의 최소대표요소로 구성되어 있음을 알 수 있다. 그러나 변환자를 이용하면 그림 4-1 에서와 같이 3 개의 최소대표요소만 얻을 수 있음을 알 수 있다. 따라서 4 개의 최소대표요소로 구성된 완벽한 특성표를 작성하기 위하여서는 수학적인 유도와 정리가 있어야 한다. 즉 Class 가 n 이고 Order 가 h 인 대칭군의 최소대표요소는 몇 개이어야 하며, 각각의 대표요소를 구성하고 있는 특성들은 무엇이어야 하는가를 결정하기 위하여서는 다음의 4 가지 법칙이 동시에 만족하여야 한다. 첫째, 어느 대칭군에서 Class 수와 최소대표요소의 수는 같아야 한다. 즉 C_{2v} 대칭군의 경우, 대칭요소가 E, C_2, σ_v, 및 σ_v' 이므로 Class 수 = Order 수 = 4 이므로 최소대표요소는 4 개 있어야 한다. 한편 C_{3v} 대칭군의 경우, 대칭요소가 E, $2C_3$, 및 $3\sigma_v$, 이므로 Order 수 = 6 이지만 Class 수 = 3 이므로 최소대표요소는 3 개 있어야 함을 상기하여야 한다.

둘째, 아래의 식에서와 같이 l_i의 제곱의 합이 order수가 되는 것을 만족하여야 한다.

$$\sum_i l_i^2 = h$$

여기서 l_i은 아래와 같이 $n \times n$ 행렬이 p개로 최소 블럭화가 되었을 때, i 번째 최소 블럭화된 행렬의 크기를 말하며, $l_m = 2$가 됨을 알 수 있다.

i	1	2	⋯	m	⋯	p
	$[a]$	$[b]$	⋯	$\begin{bmatrix} c & d \\ e & f \end{bmatrix}$	⋯	$[g]$
	⋮	⋮	⋮	⋮	⋮	⋮
l_i	1	1	⋯	2	⋯	1

이 법칙을 C_{2v} 대칭군의 경우에 적용하여 보면,

$$l_1^2 + l_2^2 + l_3^2 + l_4^2 \cdots = 4$$

가 만족되어야 하므로 반드시 $l_1 = l_2 = l_3 = 1$이 되므로, 윗식을 만족시키기 위해서 네 번째 l_4는 반드시 $l_4 = 1$이어야 한다. 이 결과는 첫 번째 법칙인 Class 수 = 4 이므로 최소대표요소는 4 개 있어야 한다는 결과와 연관되어 있음을 알 수 있다.

셋째, 어느 대칭군에서 한 최소대표요소의 각각의 특성(χ_i)의 제곱들의 합은 다음 식에서와 같이 또한 h가 되어야 한다. C_{2v} 대칭군의 경우, 4 개의 대칭요소의 중복수는 각각 1 이므로

$$\sum_i (\text{각 최소 대칭요소 중복수})\chi_i^2 = h$$

즉 $1 \times \chi_i^2 + 1 \times \chi_2^2 + 1 \times \chi_3^2 + 1 \times \chi_4^2 = 4$이어야 하며, 이 식을 만족하는 경우들은 다음과 같이 $2^4 = 16$ 개 있음을 알 수 있다.

최소대표요소	특 성			
Γ_1	1	1	1	1
Γ_2	1	−1	−1	1
Γ_3	1	−1	1	−1
⋮	⋮	⋮	⋮	⋮
Γ_{16}	1	−1	1	1

네 번째, 어느 대칭군을 구성하는 i 와 j 번째 최소대표요소들은 다음 식으로 표현되는 바와 같이 서로 수직(Orthogonal) 하여야 한다.

$$\sum_{\text{대칭요소}} (\text{각 최소 대칭요소 중복수})\chi_i\chi_j = 0$$

이미 앞에서 언급한 바와 같이, C_{2v} 대칭군의 변환자로부터 3 개의 블럭화된 최소대표요소를 만들 수 있으며 이들의 특성들을 나열하면 각각 Γ_1, Γ_2 및 Γ_3가 된다는 것을 알고 있다. C_{2v} 대칭군의 특성표를 다시 표현하면,

C_{2v}	E	C_2	σ_v	σ_v'
Γ_1	1	1	1	1
Γ_2	1	−1	−1	1
Γ_3	1	−1	1	−1
Γ_4	χ_1	χ_2	χ_3	χ_4

그림 4–2. C_{2v} 대칭군의 특성표

이 된다. 이것으로부터 Γ_1, Γ_2 및 Γ_3 는 서로 수직적이라는 것을 알 수 있다. 또한 둘째 법칙으로부터 Γ_4가 존재하며, Γ_4 의 특성 세트도 따라서 Γ_1, Γ_2 및 Γ_3 와 수직성을 만족하며 16 개의 특성의 조합 중에 하나이어야 한다. 결국 Γ_4은 1×1 크기를 갖고 있어야 하므로, 그 특성은 1 1 −1 −1 으로 구성된 세트이어야 한다.

C_{3v} 대칭군의 경우, 대칭요소가 E, $2C_3$ 및 $3\sigma_v$ 이므로 첫째 법칙에 의해 Order 수 = 6 이지만 Class 수 = 3 이므로 최소대표요소는 3 개 있어야 한다. 둘째, 각 최소대표요소의 차원을 구해보면 $l_1^2 + l_2^2 + l_3^2 = 6$를 만족하여야 하므로 $l_1 = l_2 = 1$ 그리고 $l_3 = 2$ 이어야 한다. 따라서 처음 두개의 최소대표요소의 차원 크기는 1×1이고 세 번째 최소대표요소의 크기는 2×2가 되는 것으로, 세 개의 최소대표요소의 크기를 알 수 있게 되었다. 또한 어느 1×1 크기의 최소 대칭요소의 특성 세트를 χ_1, χ_2 및 χ_3라 할 때, $1 \times \chi_1^2 + 2 \times \chi_2^2 + 3 \times \chi_3^2 = 6$이어야 하므로 χ_1, χ_2 및 χ_3 세트의 값은 모두 $+1$ 혹은 -1 로 구성되어야 함을 알 수 있다. 앞에서도 알 수 있듯이, 임의의 대칭군은 항상 완전 대칭성을 보이는 최소대표요소 Γ_1이 반드시 있으며 그 크기는 1×1이고 그것의 특성 세트는

$$1 \quad 1 \quad 1$$

이다. 이것은 주대칭축이 있는 임의의 대칭군에서, 주대칭축으로 회전하는 대칭 시행을 할 때 변하지 않는 대칭성을 대표하는 최소대표요소가 있음을 의미한다. 또한 두 번째 임의의 최소대표요소 세트 Γ_2를 χ_a χ_b χ_c라 할 때, 반드시 존재하는 3 개의 최소대표요소들은 상호 수직적이어야 하므로

$$1\chi_1\chi_a + 2\chi_2\chi_b + 3\chi_3\chi_c = 0$$

이며, 위에서 언급한 바와 같이 각 요소의 제곱의 합은 6 이어야 하므로

$$1\chi_a^2 + 2\chi_b^2 + 3\chi_c^2 = 6$$

이어야 한다. 또한 E 대칭요소의 경우, 특성표 상에서 처음 수직으로 나타내는 열인 1×1크기의 최소대표요소들의 특성값은 언제나 1 이므로 $\chi_a = 1$ 이어야 한다. 따라서 $\chi_b = 1$ 과 $\chi_c = -1$ 만이 위의 관계를 만족시킨다. 이 Γ_2에 대한 결과를 요약하면 다음과 같다.

C_{3v}	E	$2C_3$	$3\sigma_v{}'$
Γ_1	1	1	1
Γ_2	1	1	−1
Γ_3	χ_d	χ_e	χ_f

이제 세 번째 최소대표요소 세트 Γ_3의 요소들인 χ_d, χ_e 및 χ_f를 구하여야 한다. 앞에서 이미 Γ_3 는 2×2 크기의 최소대표요소 세트임을 이미 알고 있다. 또한 Γ_3도 Γ_1과 Γ_2 등의 최소대표요소들과 수직적이어야 하므로 $\chi_d=2$, $\chi_e=-1$, 그리고 $\chi_f=0$ 을 얻게 되어 아래의 특성표를 완성할 수 있게 된다.

C_{3v}	E	$2C_3$	$3\sigma_v{}'$
Γ_1	1	1	1
Γ_2	1	1	−1
Γ_3	2	−1	0

그림 4-3. C_{3v} 대칭군의 특성표

부록에는 이와 같은 법칙과 물리적 의미를 바탕으로 완성한 모든 대칭군의 특성표를 보여주고 있다. 이들은 각 최소대표요소들의 특성들을 하나의 세트로 표현하고 있다. 하나의 특성 세트로 구성된 각 최소대표요소는 코끼리라는 귀, 다리, 코 등과 같이 임의의 대칭군을 나타내는 대표적인 표현 방법이라 하겠다.

4.3 특성표의 의미

부록 1에는 여러 종류의 대칭군에 대한 특성표를 표현하고 있으며 이를 Mulliken 기호라 한다. 이와 같은 특성표를 관찰하여 보면, 특성표를 구성하는 몇 가지 약속이 있음을 알게 된다. 우선 A_1와 B_1의 표현의 차이즉 A와 B의 차이를 음미하여 보자. A와 B 최소대표요소는 반드시 1×1 크기를 갖고 있다. C_2 혹은 C_{2v} 대칭군의 경우, A와 B의 차이는 그림 4-4에서와 같이 C_2 주대칭축 대칭 시행을 하였을 때의 차이를 표현하고 있다.

C_{2v}	E	C_2	σ_v	σ_v'
A_1	1	1	1	1
B_1	1	−1	1	−1

그림 4-4. C_{2v} 대칭군의 A 와 B 특성표 일부

이 때 특성값이 + 이면 대칭 시행을 하였을 때 대칭성이 유지된다는 것이고, − 이면 비대칭적이 된다는 것이다. 그림 4-5 a)에서와 같이 180° 회전 주대칭축에 수직인 수평면상에 있는 임의의 2 개 화살표 형상과 같은 분자단(Radical)의 경우, 180° 회전을 시행한 후에 완전히 겹치는 대칭을 이루게 되어 이를 A 최소대표요소로 분류한다. 그러나 b)에서와 같이 180° 회전 주대칭축에 수직인 수평면상에 있는 임의의 2 개의 화살표 형상의 경우, 180° 회전을 시행한 후에 두개의 화살표가 서로 완전히 겹치지 않게 되는 비대칭을 이루게 되어 이를 B 최소대표요소로 분류한다. 이 대칭구조는 동시에 지면에 수직한 σ_v 대칭도 만족시키므로 1의 값이 되며 σ_v'에 대해 비대칭이므로 -1이 되는 것이다.

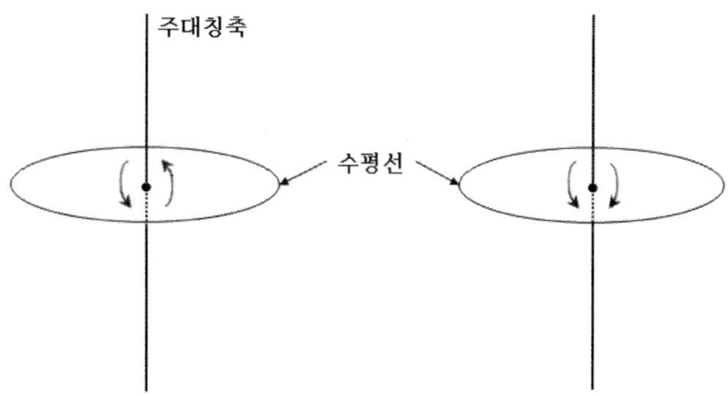

a) A 분류 b) B 분류

그림 4-5. A 와 B 최소대표요소의 대칭성 차이

다음의 A_1과 A_2의 차이는 주대칭축에 수직인 C_2축에 대칭과 비대칭 혹은 C_2축이 없는 경우의 수직대칭면에 대칭과 비대칭으로 분류할 수 있다. 그림 4-6에서와 같이 임의의 대칭군에서 C_2축이 없고 수직대칭면(σ_v)이 있는 경우, a)와 같이 대칭면에 대해 화살표가 대칭인 경우와 b)와 같이 비대칭인 경우가 가능하다. 이를 그림 4-7에서와 같이 특성표에 있는 최소대표요소 세트 내의 특성에 +를 표시하여 대칭성을, −를 표시하여 비대칭성을 나타낸다. 또한 그림으로부터 알 수 있는 것은, 또 다른 대칭면(σ_v')인 지면에 대해서도 동시에 대칭성과 비대칭성이 있음을 알 수 있다.

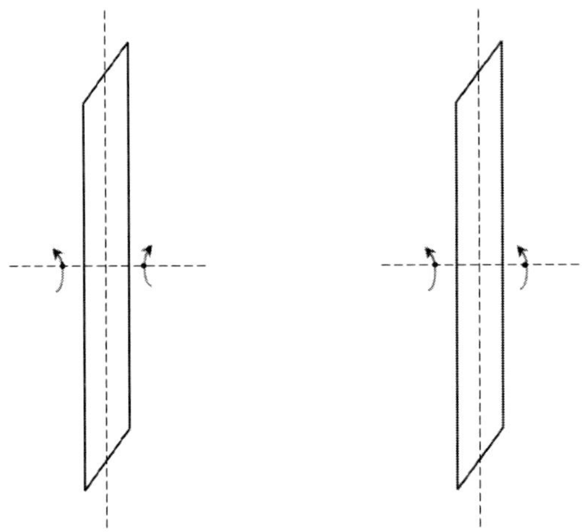

a) 대 칭　　b) 비대칭

그림 4-6. A_1과 A_2 최소대표요소의 대칭성 차이

C_{2v}	E	C_2	σ_v	σ_v'
A_1	1	1	1	1
A_2	1	1	−1	−1

그림 4-7. C_{2v}대칭군의 A_1과 A_2 특성표 차이

이상과 같은 방법으로 수평면(σ_h 혹은 σ_d)에 대하여 대칭인 경우와 비대

칭인 경우가 가능하다. 이를 특성표에서 최소대표요소 기호 위에 '와 " 로 표시하며, 그 세트 내의 해당특성에 각각 +로 나타내어 대칭성을, − 로 나타내어 비대칭성을 표현한다. 또한 원점(i)에 대하여 대칭인 경우와 비대칭인 경우가 가능하다. 이를 특성표에서 최소대표요소 기호 위에 g(gerade) 와 u(ungerade) 로 표시하며 세트 내의 해당 특성에 각각 + 로 나타내어 대칭성을, − 로 나타내어 비대칭성을 나타낸다. 이 밖에도 2×2크기의 특성 세트를 E(원대칭의 E와 표현이 같음을 유의) 로 표현하고 있으며, 3×3 크기의 특성 세트를 T 로 표현하고 있다.

특성표에는 특성 세트 뿐 만 아니라 이와 관련된 물리적인 의미도 표시하고 있다. 그림 4-8은 완전한 C_{2v} 및 C_{3v} 특성표를 나타내고 있다. 이 표에는 이제까지 언급한 최소대표요소(I 항)의 특성 세트(II 항)에 제 III 항 및 제 IV 항이 첨부되어 있음을 알 수 있다. 제 III 항에는 주로 6 개의 기호들이 표시되는데 이들은 x, y, z, R_x, R_y 혹은 R_z 등이다. 이들은 대칭군의 공간적(x, y, z) 병진운동(Translation) 및 회전(R_x, R_y, R_z) 운동을 의미하기도 한다. z가 표시된 A_1의 경우 모든 대칭성이 z 축에 근간을 두고 있으며, 완전한 대칭성을 보이고 있다는 것이다. 한편 A_2의 경우 비록 수직대칭면(σ_v)에 대해 비대칭성(−1)을 보이고 있으나, 이것의 의미는 그 자체로 z 축에 의한 회전대칭(R_z)은 완전한 대칭성(+1)을 유지하고 있다는 것, 즉, z 방향의 회전대칭은 아무 문제없이 가능하다는 것이다. x, y 및 z로 표현되는 것의 전자기적 의미는 재료와 반응하기 위하여 방사되는 각종 전자파의 상대적인 방향이라 할 수 있으며, 그 전자파의 물리적이며 대칭학적 특징으로도 해석된다. 또한 x, y 및 z로 표현되는 것의 또 다른 전자기적 의미는 그림 4-9에서와 같이 공유결합을 하고 있는 p 전자궤도 밀도함수를 표현하기도 한다. 마지막으로 C_{3v} 대칭군의 E 최소대표요소의 경우 (x, y) 2차원의 평면상에서만의 대칭성을 고려하여야 한다는 것이며, T_h와 같은 정육면체 대칭군에서 T_u와 같은 최소대표요소의 경우 (x, y, z) 3차원 공간에서 대칭성이 고려되어야 한다는 것이다.

(I) C_{2v}	(II) E	C_2	σ_v	σ_v'	(III)	(IV)
A_1	1	1	1	1	z	x^2, y^2, z^2
A_2	1	1	−1	−1	R_z	xy
B_1	1	−1	1	−1	x, R_y	xz
B_2	1	−1	−1	1	y, R_x	yz

a) C_{2v} 특성표

(I) C_{3v}	(II) E	C_3	σ_v	(III)	(IV)
A_1	1	1	1	z	x^2+y^2, z^2
A_2	1	1	−1	R_z	
E	2	−1	0	$(x, y)(R_x, R_y)$	$(x^2-y^2, xy)(xz, yz)$

b) C_{3v} 특성표

그림 4-8. 완성된 특성표

제 IV 항에는 일반적으로 x, y, z의 제곱 및 그들의 곱한 결과로 표시하고 있다. 따라서 이 항은 p 전자궤도 밀도함수와 다르게 d 전자궤도 밀도함수를 대칭적인 관점에서 표현한 것이다. 개념적인 d 전자궤도 밀도함수는 그림 4-9에서와 같이 극성화(Dipole) 관점에서 p 전자궤도 밀도함수와 특징이 다름을 알 수 있다.

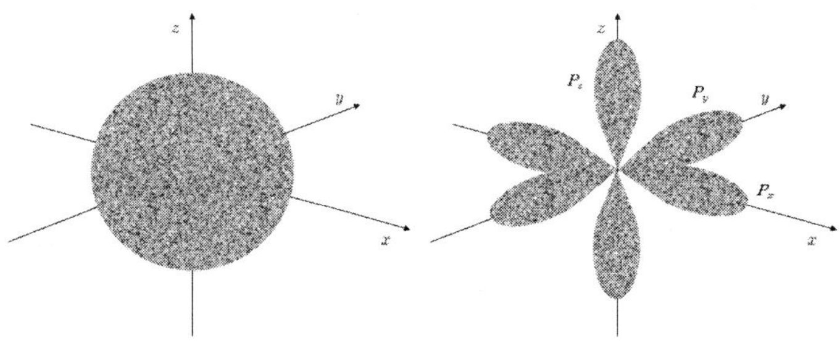

a) s 전자궤도　　b) p 전자궤도

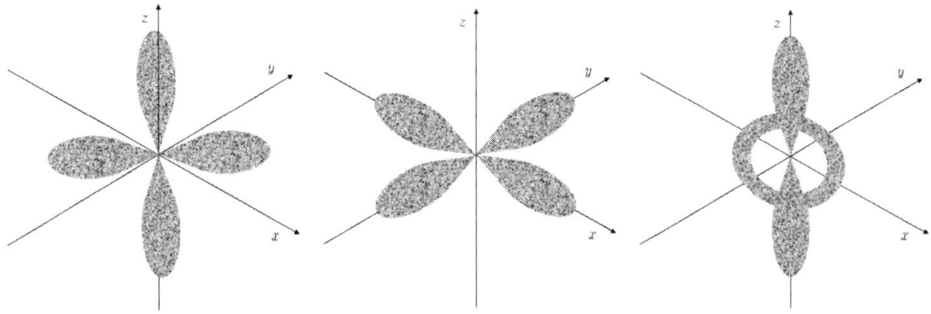

$d_{x^2-y^2}$ d_{xy} d_{z^2}

c) d 전자궤도

그림 4-9. 전자궤도 밀도함수의 개념적 표시

이미 앞에서 두개의 연속적인 대칭 시행을 한 경우 그들을 곱하는 것으로 표현한 바 있다. 물리학 및 양자역학적으로 연속시행 혹은 상호반응을 하는 과정은 다음 식과 같이 반응 전후 상태를 곱하여 관심영역 혹은 주어진 환경 범위 내에 대하여 적분한 식으로 표현할 수 있다. 예를 들어 그림 4-10에서와 같이 임의의 대칭군을 이루는 전자가 적외선(IR) 혹은 자외선(UV)을 흡수하여 초기상태에서 어느 활성화 상태로 변하는 경우를 고려해 보자. 양자 역학에서는 이 변화의 과정을 다음과 같이 확률적으로 표현할 수 있으며 적분 결과가 영이면 반응이 이루어지지 않았음을 의미하며 영이 아니면 반응이 이루어졌음을 의미한다.

$$\int \phi_0 \vec{\mu} \phi_c d\tau = 0 \text{ (반응이 이루어지지 않은 경우)}$$

$$\neq 0 \text{ (반응이 이루어진 경우)}$$

여기서 ϕ_0와 ϕ_e는 그 대칭군을 이루는 전자의 활성화 전후의 상태이고 μ는 적외선 등과 같은 전자파의 반응특성에 해당된다. 재료 내에서 최외각 전자의 활성화 현상을 나타내는 위 식은, 최외각 전자들의 밀도 분포들이 결정학적 대칭에 따라 크게 영향을 받는다는 것을 의미한다. 따라서 결정학적인 전자 분포의 대칭성을 고려함으로써 재료 외부로부터의 전자파에 의한 활성화 반응이 일어날지의 예측을 할 수 있다는 것을 의미한다.

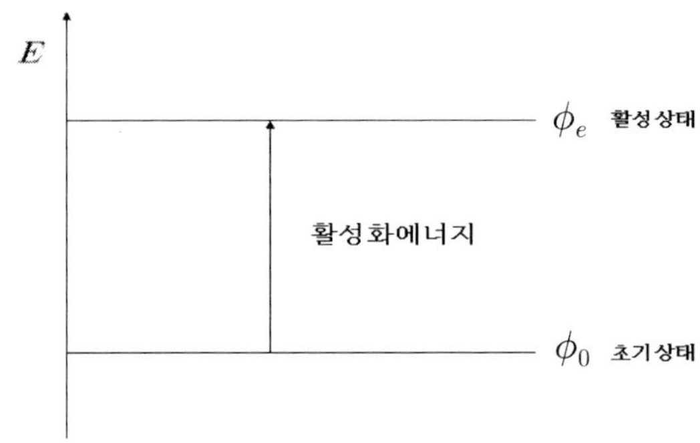

그림 4-10. 전자활성화의 에너지적 표현

실리콘 단결정 내의 산소에 의한 적외선 흡수에 관하여 위의 식을 적용하여 보자. Czochralsky 방법으로 실리콘 단결정을 성장시킬 때, 산소는 용융 실리콘을 담고 있는 석영유리 용기로부터 용해되어 단결정 내에 10 ppm 수준으로 함유된다. 따라서 산소 농도가 매우 적으므로 두개의 실리콘과 지협적으로 C_{2v} 대칭군을 형성한다. 주로 공유결합 상태의 이들 3 개 원자들은 주어진 평형 원자간 거리를 유지하며 절대 영도 가까이에서도 3차원적인 진동을 끊임없이 한다. 따라서 3 개 원자를 포함한 C_{2v} 대칭군의 경우, 진동의 자유도는 9가 된다. 그러나 x, y, z 방향으로의 동시 병진 운동, 혹은 회전운동의 경우가 있으므로 실제 순수진동(Normal Vibration Mode)의 진동자유도는 3 이 된다. 즉, 그림 4-11에서와 같이 대칭적인 결합선의 신축 및 결합선간의 대칭적 각신축 그리고 비대칭적인 수축 등이 그 것이다. 결합선 신축 및 각신축은 모두 E, C_2, σ_v, 및 $\sigma_v{}'$ 에 대칭임을 알 수 있고, 따라서 특성표로부터 최소대표요소의 특성 세트 값이 모두 $+1$ 인 것이 A_1 에 해당하는 순수진동임을 알 수 있다. 또한 비대칭적 수축은 E 와 σ_v 에는 대칭이나 C_2 와 $\sigma_v{}'$ 에 비대칭이므로 특성표에서 E 와 σ_v 의 최소대표요소 세트 값이 $+1$이고 C_2 와 $\sigma_v{}'$ 의 최소대표요소 세트 값이 -1이어야 하므로 최소대표요소는 B_1 이어야 한다. 따라서 이 들의 진동자유도 형태는

$2A_1 + B_1$ 형태의 최소대표요소로 표현될 수 있다.

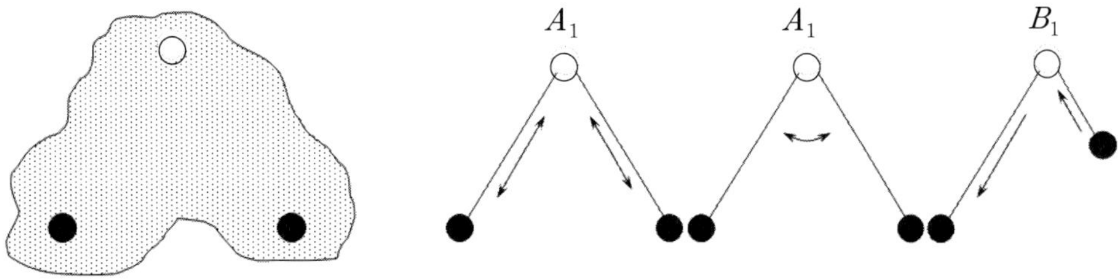

그림 4-11. 실리콘 결정에서 산소의 진동 분석

이와 같은 2 개의 대칭적인 진동과 1 개의 비대칭적인 진동 형태의 순수 진동을 하는 대칭구조에 적외선을 통과시키면 특정 파장에서 적외선의 강한 흡수가 일어난다. 이 현상은 비대칭 진동과의 공진 흡수에 의한 것을 알려져 있으며 그림 4-12의 특성표를 이용하여 정성적으로 설명할 수 있다. 일반적으로 적외선 흡수가 일어나지 않는 물리적으로 활성화되기 전 상태 ϕ_0는 완전대칭의 형태를 이룬다고 하며 따라서 항상 최소대표요소인 A_1로 표현한다. 한편, 물리적이 반응이 일어나 위 식의 결과가 영이 아니기 위해서는 세 물리적 함수들의 곱의 결과가 완전대칭의 최소대표요소이거나(A_1) 적어도 완전대칭 최소대표요소를 포함하고 있어야 한다. 이 같은 결과를 얻기 위해서는 두 물리적 함수의 곱의 결과가 세 번째 함수이거나 세 번째 함수를 포함하여야 한다.

실리콘 단결정 내부로 진행하는 x, y, z의 적외선 방향에 따라 적외선의 특성으로 표현되는 μ는 특성표로부터 $A_1(z)$, $B_1(x)$ 및 $B_2(y)$ 임을 알 수 있다. 또한 이미 비대칭적 진동 B_1에 의하여 적외선이 강하게 흡수됨을 이미 알고 있어 활성화 상태인 ϕ_v가 B_1가 됨을 알 수 있으므로,

$$\int \phi_0 \vec{\mu} \phi_c d\tau = \int A_1 \begin{bmatrix} A_1(z) \\ B_1(x) \\ B_2(y) \end{bmatrix} B_1 d\tau$$

가 된다. $A_1A_1 = A_1$, $A_1B_1 = B_1$, $A_1B_2 = B_2$ 등이 되므로 위 식은

$$\int A_1A_1B_1 d\tau = 0$$
$$\int A_1B_1B_1 d\tau \neq 0$$
$$\int A_1B_2B_1 d\tau = 0$$

이 된다.

C_{2h}	E	C_2	σ_2	$\sigma_v{}'$	
A_1	1	1	1	1	z
A_2	1	1	-1	-1	R_z
B_1	1	-1	1	-1	x, R_y
B_2	1	-1	-1	1	y, R_x
Γ_{total}	9	3	3	1	
Γ_{xyz}	3	-1	1	1	병진
Γ_R	3	-1	-1	-1	회전
Γ_{net}	3	1	3	1	순수진동

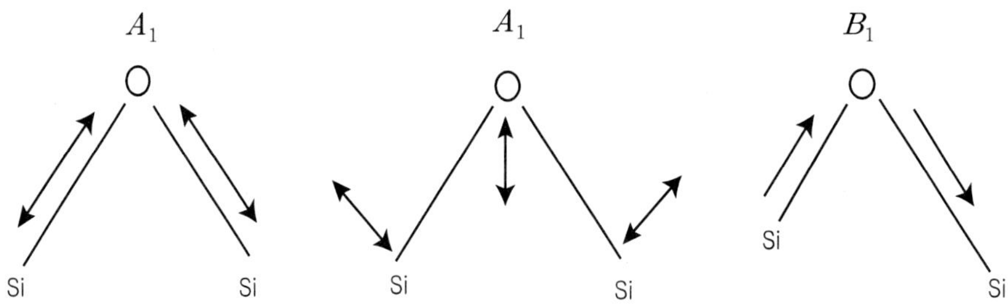

a) 결합선 신축 b) 각 신축 c) 비대칭 수축

그림 4-12. C_{2v} 구대칭군의 3가지 순수진동

따라서 $\mu_1 = B_1$즉 C_{2v} 구조를 갖고 있는 실리콘 단결정에 적외선을 보내어 산소의 공진 진동에 의해 적외선이 흡수되는 것을 관찰할 수 있는 방향은 x축 뿐이 없음을 알 수 있다. 이상에서와 같이 적외선을 이용하여 비대칭 진동 흡수 신호를 얻어 용해된 산소의 양을 측정하게 되며, 이때 비대칭 진동 신호의 진동파 수는 1,106 cm^{-1} 이다. 마찬가지로 분자들의 결합상태의 진동을 Raman 스펙트럼에 의한 분석도 이와 같은 방법으로 수행할 수 있으며 이때 Raman 스펙트럼의 특성인 α는 적외선의 μ와는 다르며 x^2, y^2, xy 등의 함수로 알려져 있어 비대칭 보다는 대칭성 진동에 흡수 반응이 가능함을 알 수 있다.

4.4 최소대표요소 참여도

앞에서 C_{2v} 대칭군의 경우 진동의 자유도는 3 이 되며 $2A_1 + B_1$형태의 최소대표요소로 표현되어 있음을 이해하였다. 즉 임의의 물리적 관심 반응은 그 대칭군의 특성표로 표현할 수 있으며, 각 최소대표요소의 참여도도 함께 표현할 수 있다. 즉 순수한 진동은 대칭 진동의 최소대표요소인 2 개의 A_1과 비대칭 진동의 최소대표요소인 1 개의 B_1가 참여한 결과이다. 따라서 임의 대칭군의 물리적 반응의 결과가 관찰되면 그 결과를 분석하여 각각의 최소대표요소의 참여도로 표현할 수 있다. 그림 4-12에서 3 개의 원자들의 모든 진동 반응이 줄일 수 있는 대표요소인 Γ_{total}로 표현되었을 때, 이 중에서 순수 진동의 관점에서 볼 때, 무의미한 x, y, z 방향으로의 동시 진동에 의한 병진 운동을 나타내는 줄일 수 있는 대표요소 Γ_{xyz}와 동시에 회전하는 것을 나타내는 대표요소 Γ_R을 제외하면, 순수진동로 표현되는 대표요소는 Γ_{net}가 된다. 이미 Γ_{net}는 $2A_1 + B_1$ 형태의 최소대표요소로 표현되어 있음을 이해하였으나, 이와 같은 최소대표요소들의 참여도를 다음에서와 같이 보다 수학적이며 효과적으로 이해하여야 한다.

최소대표요소의 참여도를 a라 할 때, i 최소대표요소의 참여도는 다음과 같이 표현된다.

$$a_i = \frac{1}{h}(\text{각 최소 대칭요소 중복수}) \times \chi_{red} \times \chi_{irred}$$

위 식을 이용하여 A_1최소대표요소의 참여도를 계산하여 보면

$$a_{A_1} = \frac{1}{4}(1\times 3\times 1 + 1\times 1\times 1 + 1\times 3\times 1 + 1\times 1\times 1) = 2$$

가 되어 순수 진동에 A_1 최소대표요소의 참여도가 2 가 됨을 알 수 있다. 같은 방법으로 A_2 최소대표요소의 참여도를 계산하면

$$a_{A_2} = \frac{1}{4}[1\times 3\times 1 + 1\times 1\times 1 + 1\times 3\times(-1) + 1\times 1\times(-1)] = 0$$

가 되어 A_2 최소대표요소의 참여도는 없음을 알 수 있다. B_1와 B_2 최소대표요소의 참여도를 같은 방법으로 계산하여 보면 B_1 참여도가 1 이 되고, B_2 참여도가 없음을 확인 할 수 있다.

또 다른 예로 그림 4-13의 Γ_{red}형태의 C_{3v} 대칭군의 진동의 경우에 각각의 최소대표요소들의 참여도를 계산하여 보면,

$$a_{A_1} = \frac{1}{6}[1\times 5\times 1 + 2\times 2\times 1 + 3\times 3\times 1] = 3$$

$$a_E = \frac{1}{6}[1\times 5\times 2 + 2\times 2\times(-1) + 3\times 3\times 0] = 1$$

이 되어, 줄일 수 있는 대표요소인 Γ_{red}는 $3A_1 + E$의 줄일 수 없는 최소대표요소로 구성된 참여 정도를 보여주고 있다. 이와 같은 결과로 부터 임의의 대칭군에서 일어나는 복잡한 진동현상을 기본적인 몇 개의 순수진동(Normal Mode)으로 분류하여 분석할 수 있음을 알 수 있다.

C_{3v}	E	$2C_3$	$3\sigma_v$
Γ_{red}	5	2	3
A_1	1	1	1
A_2	1	1	-1
E	2	-1	0

그림 4-13. C_{3v} 대칭군의 진동

제5장
대칭군 응용(Ⅰ)

5.1 자유도(Degree of Freedom)
5.2 SALC(Symmetry Adapted Linear Combinations)
5.3 Hückel 의 근사치 (Hückel's Approximation)

5.1 자유도(Degree of Freedom)

이미 앞에서 언급한 바와 같이, 많은 경우 대칭군 이론에서는 원자의 진동에 관한 것을 다루게 되며 이를 자유도로 표현한다. 그림 5-1은 재료를 구성하는 원자들이 평균거리에서 끊임없이 진동하고 있는 모델이다. 그림에서와 같이 한 원자의 직선적인 진동은 3차원에서 x, y, z의 3 성분을 갖게 된다. 따라서 관심 대칭군에 n 개의 원자가 참여하고 있다면 자유도는 3 n 이 될 것이다. 그러나 진동의 순간에, 참여한 n 개의 원자들이 동시에 같은 방향으로 병진하거나 같은 방향으로 회전을 한다면, 이것은 순수진동이라 할 수 없다. 동시적인 병진운동은 x, y, z 의 3 방향이 될 것이며, 동시적인 회전운동 역시 x, y, z의 3 방향이 될 것이다. 결국 자유도는 다음 식에서와 같이 임의의 대칭군에서 참여하고 있는 모든 원자들의 병진운동 및 회전운동을 제외한 순수한 진동의 종류를 말한다.

$$\text{자유도} = 3n - 3 - 3$$

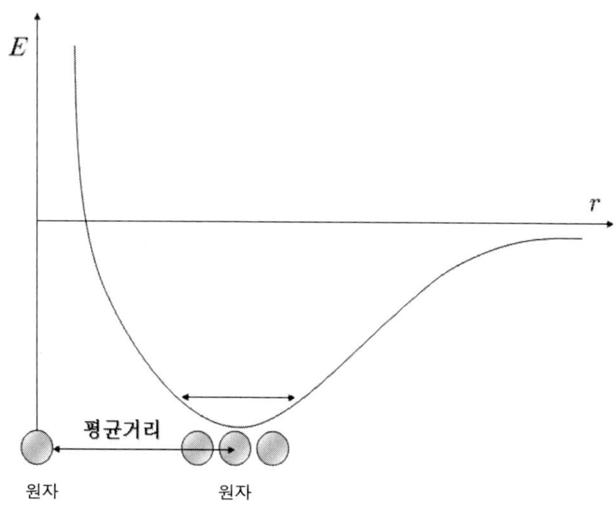

그림 5-1. 평형상태에서의 원자의 진동

2 개의 실리콘 원자들과 C_{2v} 구조를 갖고 있는 산소의 경우, 참여 원자 수가 3 개 이므로 $n=3$이 되어 앞에서 이미 언급한 바와 같이 자유도가 3이 됨을 알 수 있다. C_{2v} 대칭군의 대칭요소는 E, C_2, σ_v, 및 $\sigma_v{}'$ 등이다. 그림 5-2 a)를 이용하여 E 대칭요소의 행렬을 구성하여 보면, 9 개의 자유도가 있고 E 대칭 시행 후에 원상태의 모습이므로 그림 5-3에서와 같이 E 변환자의 행렬이 구성되어야 한다. 따라서 이 행렬의 특성 χ_E 는 9 가 될 것이다.

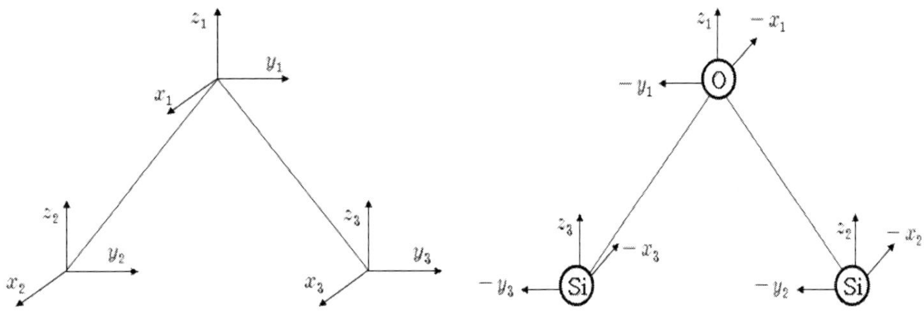

a) E 대칭 b) C_2 대칭

그림 5-2. C_{2v} 대칭군의 진동

$$\begin{bmatrix} 1&0&0&0&0&0&0&0&0\\ 0&1&0&0&0&0&0&0&0\\ 0&0&1&0&0&0&0&0&0\\ 0&0&0&1&0&0&0&0&0\\ 0&0&0&0&1&0&0&0&0\\ 0&0&0&0&0&1&0&0&0\\ 0&0&0&0&0&0&1&0&0\\ 0&0&0&0&0&0&0&1&0\\ 0&0&0&0&0&0&0&0&1 \end{bmatrix} \begin{bmatrix} x_1\\ y_1\\ z_1\\ x_2\\ y_2\\ z_2\\ x_3\\ y_3\\ z_3 \end{bmatrix} = \begin{bmatrix} x_1\\ y_1\\ z_1\\ x_2\\ y_2\\ z_2\\ x_3\\ y_3\\ z_3 \end{bmatrix}$$

그림 5-3. C_{2v} 대칭군의 E 변환자 행렬

같은 방법으로 그림 5-4를 이용하여 C_2 대칭요소의 행렬을 구성하여 보면, 9 개의 자유도가 있고 C_2 대칭 시행 전후의 상태가 그림 5-2 b)에서와 같이 변하게 되도록 C_2 변환자의 행렬이 구성되어야 한다. 따라서 이 행렬의 특성 χ_{c_2}는 -1이 될 것이다. σ_v, 및 σ_v' 등에 대해서도 특성들을 구하면 각각 3 및 1 이 된다. 최종적으로 9 개의 자유도를 갖고 있는 줄일 수 있는 대표요소 Γ_{total}은 9 -1 3 1 가 된다.

$$\begin{bmatrix} -1 & 0 & 0 & 0 & 0 & 0 & 0 & 0 & 0 \\ 0 & -1 & 0 & 0 & 0 & 0 & 0 & 0 & 0 \\ 0 & 0 & 1 & 0 & 0 & 0 & 0 & 0 & 0 \\ 0 & 0 & 0 & 0 & 0 & 0 & -1 & 0 & 0 \\ 0 & 0 & 0 & 0 & 0 & 0 & 0 & -1 & 0 \\ 0 & 0 & 0 & 0 & 0 & 0 & 0 & 0 & 1 \\ 0 & 0 & 0 & -1 & 0 & 0 & 0 & 0 & 0 \\ 0 & 0 & 0 & 0 & -1 & 0 & 0 & 0 & 0 \\ 0 & 0 & 0 & 0 & 0 & 1 & 0 & 0 & 0 \end{bmatrix} \begin{bmatrix} x_1 \\ y_1 \\ z_1 \\ x_2 \\ y_2 \\ z_2 \\ x_3 \\ y_3 \\ z_3 \end{bmatrix} = \begin{bmatrix} -x_1 \\ -y_1 \\ z_1 \\ -x_3 \\ -y_3 \\ z_3 \\ -x_2 \\ -y_2 \\ z_2 \end{bmatrix}$$

그림 5-4. C_{2v} 대칭군의 C_2 변환자 행렬

한편 순수 진동이 아닌 3방향의 순수한 병진운동을 그림 5-2를 이용하여 고려해 보면, 3 개의 자유도가 있고 E 대칭 시행 후에 원상태의 모습이므로 E 변환자 행렬의 특성 χ_E는 3 이 될 것이다. 또한 C_2 대칭요소의 변환자 행렬을 구성하여 보면, C_2 대칭 시행 전후의 상태가 그림 5-5에서와 같이 변하게 되도록 C_2 변환자의 행렬이 구성되어야 한다. 따라서 이 행렬의 특성 χ_{c_2}는 -1이 될 것이다. 같은 방법으로 σ_v 와 σ_v' 의 특성들은 각각 1과 1이 됨을 알 수 있어 순수 병진운동의 대표요소 Γ_{trans}는 3 -1 1 1이 됨을 알 수 있다. 이렇게 얻은 최소대표요소는 제 4 장에서 언급한 바와 같이, 그림 5-6의 C_{2v} 특성표 III 항에서 z로 표현된 방향으로의 병진을 나타내는 A_1 최소대표요소, x로 표현된 방향으로의 병진을 나타내는 B_1 최소대표요소, y로 표현된 방향으로의 병진을 나타내는 B_2 최소대표요소들의 각 대칭요소의 특성을 합한 결과와 같음을 알 수 있다. 같은 방법으로 순수

진동이 아닌 3 방향의 순수한 회전에 의한 자유도는 R_z 로 표현된 z축 회전을 나타내는 A_2 최소대표요소, R_y 로 표현된 y축 회전을 나타내는 B_1 최소대표요소, 그리고 R_w로 표현된 x축 회전을 나타내는 B_2 최소대표요소들의 각 대칭요소 특성을 합하면 되므로 순수 회전운동의 대표요소 Γ_{rot}는 3 −1 −1 −1 이 된다. 따라서 순수진동을 나타내는 대표요소는

$$\Gamma_{vib} = \Gamma_{total} - (\Gamma_{trans} + \Gamma_{rot})$$

이 되므로 Γ_{vib}는 3 1 3 1 이 됨을 알 수 있다.

$$\begin{bmatrix} -1 & 0 & 0 \\ 0 & -1 & 0 \\ 0 & 0 & 1 \end{bmatrix} \begin{bmatrix} x_1 \\ y_1 \\ z_1 \end{bmatrix} = \begin{bmatrix} -x_1 \\ -y_1 \\ z_1 \end{bmatrix} \quad \begin{bmatrix} 1 & 0 & 0 \\ 0 & -1 & 0 \\ 0 & 0 & 1 \end{bmatrix} \begin{bmatrix} x_1 \\ y_1 \\ z_1 \end{bmatrix} = \begin{bmatrix} x_1 \\ -y_1 \\ z_1 \end{bmatrix} \quad \begin{bmatrix} -1 & 0 & 0 \\ 0 & 1 & 0 \\ 0 & 0 & 1 \end{bmatrix} \begin{bmatrix} x_1 \\ y_1 \\ z_1 \end{bmatrix} = \begin{bmatrix} -x_1 \\ y_1 \\ z_1 \end{bmatrix}$$

C_2 $\qquad\qquad$ σ_v $\qquad\qquad$ σ_v'

그림 5-5. 순수한 병진운동의 대칭시행 변환자

C_{2v}	E	C_2	$\sigma_y(xz)$	$\sigma_v'(yz)$	
Γ_{total}	9	−1	3	1	
Γ_{vib}	3	1	3	1	
A_1	1	1	1	1	z
A_2	1	1	−1	−1	R_z
B_1	1	−1	1	−1	x, R_s
B_2	1	−1	−1	1	y, R_x

그림 5-6. C_{2v} 대칭군의 특성표

이제 순수진동을 나타내는 줄일 수 있는 대표요소 Γ_{vib}에 각각의 최소대표요소들의 참여도를 계산할 수 있다. 이를 계산하여 보면

$$a_{A_1} = \frac{1}{4}[1 \times 3 \times 1 + 1 \times 1 \times 1 + 1 \times 3 \times 1 + 1 \times 1 \times 1] = 2$$

$$a_{A_2} = \frac{1}{4}[1 \times 3 \times 1 + 1 \times 1 \times 1 + 1 \times 3 \times (-1) + 1 \times 1 \times (-1)] = 0$$

$$a_{B_1} = \frac{1}{4}[1 \times 3 \times 1 + 1 \times 1 \times (-1) + 1 \times 3 \times 1 + 1 \times 1 \times (-1)] = 1$$

$$a_{B_2} = \frac{1}{4}[1 \times 3 \times 1 + 1 \times 1 \times (-1) + 1 \times 3 \times (-1) + 1 \times 1 \times 1] = 0$$

이 되어, 순수진동은 완전대칭인 A_1 2 개와 C_2축 및 yz면에 비대칭인 B_1로 구성되어 있음을 알게 된다. 즉 그림 4-11 에서와 같이, 공유결합손이 대칭적으로 신축하는 경우 및 공유결합손 사이의 각이 대칭적으로 신축하는 경우 그리고, 공유결합 손이 비대칭적으로 신축하는 경우 등이 그것임을 확인 할 수 있다.

CO_3^{-2}와 같은 D_{3h} 대칭군의 순수진동 만을 이해하여 보자. 4 개의 원자가 관여하고 있으므로 그림 5-8에서와 같이 x, y, z 방향의 12 개의 자유도가 존재함을 알 수 있다. 따라서 CO_3^{-2}와 같은 D_{3h} 대칭군의 원대칭 및 C_3 변환자는 그림 5-7 과 같다. 이 같은 작업을 앞의 C_{2v} 대칭군의 경우에서와 같이 계속하여, 자유도가 12 개인 줄일 수 있는 대표요소 Γ_{total}를 구할 수 있으며 최종적으로 12 0 −2 4 −2 2 를 얻게 된다. 이것으로부터 각각의 최소대표요소들의 참여도를 계산하여 보면

$$\Gamma_{total} = A_1' + A_2' + 3E'' + 2A_2'' + E''$$

가 됨을 알 수 있다. 이는 2×2차원의 최소대표요소가 4 개 그리고 1×1차원의 최소대표요소 4 개로 구성되어 있음을 알 수 있다. 물론 이 속에는 순수 병진 및 회전운동에 관련된 대표요소들이 포함되어 있음을 인지하여야 한다.

	x_1	y_1	z_1	x_2	y_2	z_2	x_3	y_3	z_3	x_4	y_4	z_4
x_1'	1	0	0	0	0	0	0	0	0	0	0	0
y_1'	0	1	0	0	0	0	0	0	0	0	0	0
z_1'	0	0	1	0	0	0	0	0	0	0	0	0
x_2'	0	0	0	1	0	0	0	0	0	0	0	0
y_2'	0	0	0	0	1	0	0	0	0	0	0	0
z_2'	0	0	0	0	0	1	0	0	0	0	0	0
x_3'	0	0	0	0	0	0	1	0	0	0	0	0
y_3'	0	0	0	0	0	0	0	1	0	0	0	0
z_3'	0	0	0	0	0	0	0	0	1	0	0	0
x_4'	0	0	0	0	0	0	0	0	0	1	0	0
y_4'	0	0	0	0	0	0	0	0	0	0	1	0
z_4'	0	0	0	0	0	0	0	0	0	0	0	1

a) 원대칭 변환자

	x_1	y_1	z_1	x_2	y_2	z_2	x_3	y_3	z_3	x_4	y_4	z_4
x_1'	0	0	0	$-\frac{1}{2}$	$-\sqrt{\frac{3}{2}}$	0	0	0	0	0	0	0
y_1'	0	0	0	$\sqrt{\frac{3}{2}}$	$-\frac{1}{2}$	0	0	0	0	0	0	0
z_1'	0	0	0	0	0	1	0	0	0	0	0	0
x_2'	0	0	0	0	0	0	$-\frac{1}{2}$	$-\sqrt{\frac{3}{2}}$	0	0	0	0
y_2'	0	0	0	0	0	0	$\sqrt{\frac{3}{2}}$	$-\frac{1}{2}$	0	0	0	0
z_2'	0	0	0	0	0	0	0	0	1	0	0	0
x_3'	$-\frac{1}{2}$	$-\sqrt{\frac{3}{2}}$	0	0	0	0	0	0	0	0	0	0
y_3'	$\sqrt{\frac{3}{2}}$	$-\frac{1}{2}$	0	0	0	0	0	0	0	0	0	0
z_3'	0	0	0	0	0	0	0	0	0	0	0	0
x_4'	0	0	0	0	0	0	0	0	0	$-\frac{1}{2}$	$-\sqrt{\frac{3}{2}}$	0
y_4'	0	0	0	0	0	0	0	0	0	$\sqrt{\frac{3}{2}}$	$-\frac{1}{2}$	0
z_4'	0	0	0	0	0	0	0	0	0	0	0	1

b) C_3 변환자

그림 5-7. D_{3h} 대칭군의 대칭 변환자

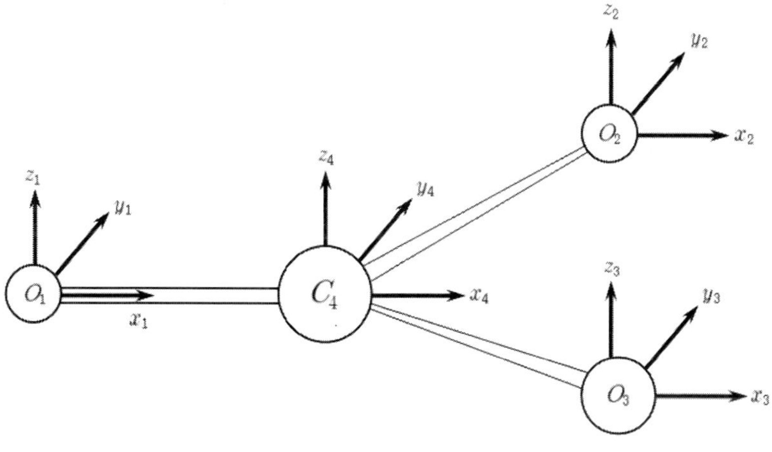

그림 5-8. D_{3h} 대칭군의 자유도

한편 D_{3h} 대칭군의 특성표로부터 순수 병진운동의 대표요소 Γ_{trans}를 구할 수 있으며, 이는 z 로 표현된 방향으로의 병진을 나타내는 A_2'' 최소대표요소, $(x,\ y)$로 표현된 방향으로의 병진을 나타내는 E' 최소대표요소로 구성되어 있음을 알 수 있고, 따라서 대표요소는 3 0 −1 1 −2 1 가 된다. 같은 방법으로 특성표로부터 3 개의 순수한 회전에 의한 자유도는 R_z로 표현된 z 축 회전을 나타내는 A_2' 최소대표요소와 $(R_x,\ R_y)$ 로 표현된 $(x,\ y)$축 회전을 나타내는 E'' 최소대표요소로 구성되어 있음을 알 수 있으므로 각 대칭요소의 특성을 합하면 회전운동의 대표요소 Γ_{rot}는 3 0 −1 −1 2 −1 이 된다. 따라서 순수진동을 나타내는 대표요소는

$$\Gamma_{vib} = \Gamma_{total} - (\Gamma_{trans} + \Gamma_{rot})$$

이 되므로 Γ_{vib}는 6 0 0 4 −2 2가 되어 $A_1' + 2E' + A_2''$로 구성되어 있음을 알 수 있다. 이렇게 얻은 순수진동은 그림 5-9에서와 같이 3 차원적으로 표현할 수 있다.

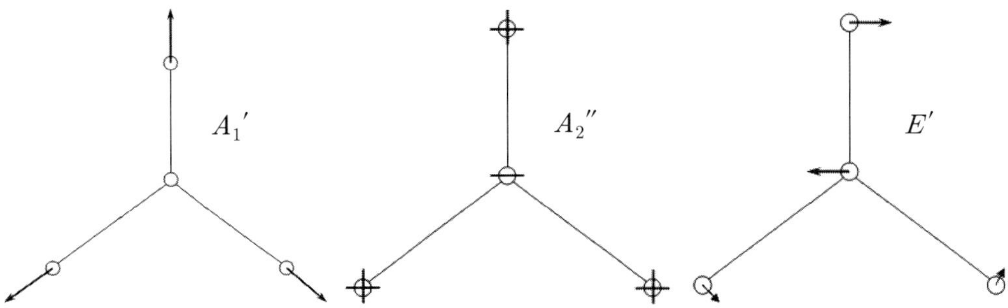

그림 5-9. D_{3h} 대칭군의 순수진동

5.2 SALC(Symmetry Adapted Linear Combinations)

대칭군 이론에서 정도의 차이는 있을지 모르지만, 어느 재료를 구성한 원자들의 기계적인 대칭성은 그 형태의 전자기적 특성을 반드시 발현시키고 있다는 것이다. 이와 같은 대칭성은 비단 결합에 직접 참여한 s, p, d 전자궤도 등에 의한 결합에서 뿐 만 아니라, 흑연에서의 층상결합인 π결합과 같은 간접적인 결합에서도 적용되고 있다고 할 수 있다. 이때 결합의 전자기적인 특징은 이 결합에 참여하고 있는 원자들의 최외각전자들의 수와 관련이 있으며, 대칭성(Symmetry)을 이용하여(Adapted) 각각의 최외각전자들의 참여정도를 선형적(Linear)으로 합한(Combined) 결과로 표현할 수 있다. 이와 같은 논리는 여러 원자들의 전자들(Atomic Orbital)이 참여하여 분자(Molecular Orbital)를 구성하는 경우로 확대하여 적용할 수 있으며, 이를 대칭성을 이용한 LCAO/MO(Linear Comibnation of Atomic Orbital/Molecular Orbital) 라 한다. 이 이론에서 결합에 참여하는 원자들의 최외각전자들의 궤도함수를 대칭적으로 적절히 선형적으로 합하여 하나의 분자궤도를 구성할 수 있다는 것이며, 참여하는 모든 원자들의 최외각전자수와 구성된 분자에서의 분자궤도수가 같아야 한다는 것이다. 다시말하면, 결합에 참여하는 원자들의 최외각전자들은 분자라는 대칭구조 환경내에서 각각 새로운 에너지 상태를 갖게 된다는 것이다. 다시말하면, 결합에 참여하는 원자들의 최외각 전자들은 분자라는 대칭구조 환경 내에서 각각 새로운 에너지 상태를 갖게 된다는 것이다. 이 이론은 π결합과 같이 여러 전자들이 동시에 참여하여 이루는 간접 결합을 이용하여 개념적으로 쉽게 설명 할 수 있다. 간단한 예로 그림 5-10에서와 같이 D_{3h} 대칭군을 이루고 있는 C_3H_3의 경우 탄소원자의 최외각전자(P_x, P_y 궤도)와 수소원자의 최외각전자(s 궤도) 간에 직접결합인 공유결합을 하고 있지만, 이 공유결합에 직접 참여하지 않으며 극성화되어 있는 탄소원자의 최외각전자(P_z 궤도)는 수직으로 배열하여 있게 된다. 따라서 C_3H_3 분자들은 층상으로 쌓여 수직으로 배열되며, 극성화되어 있는 탄소원자의 최외각전자(P_z 궤도)는 C_3H_3 분자들 층간에 간접 결합인 π결합을 이루게 된다.

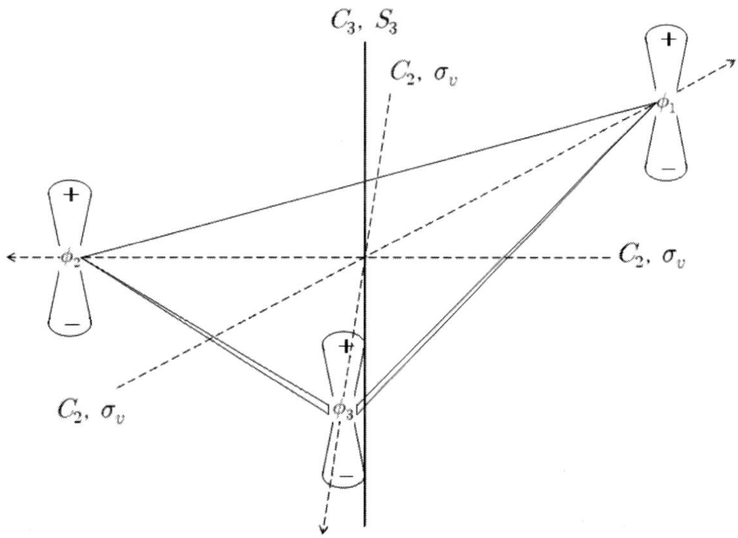

그림 5-10. D_{3h} 대칭군의 π결합

π결합에 참여하는 3 개의 탄소원자에 소속한 3 개의 P_z 궤도 전자들의 원자상태의 궤도함수를 각각 ϕ_1, ϕ_2, ϕ_3 라 할 때, 그림 5-10 에서와 같이 π 결합이 이루어졌을 때의 대표요소를 구할 수 있다. 제일 근간이 되는 C_3 대칭을 시행한 경우,

$$C_3 \text{ 대칭}$$

$$\begin{bmatrix}\phi_1\\ \phi_2\\ \phi_3\end{bmatrix} \longrightarrow \begin{bmatrix}\phi_3\\ \phi_1\\ \phi_2\end{bmatrix}$$

가 되므로 C_3 대칭 변환자는

$$\begin{bmatrix}0 & 0 & 1\\ 0 & 1 & 0\\ 1 & 0 & 0\end{bmatrix}$$

이 되어야 하고, 따라서 특성, χ_{C_3}는 영이 되어야 한다. C_2 대칭을 시행한 경우,

$$C_2 \text{ 대칭}$$

$$\begin{bmatrix}\phi_1\\ \phi_2\\ \phi_3\end{bmatrix} \longrightarrow \begin{bmatrix}-\phi_3\\ -\phi_2\\ -\phi_1\end{bmatrix}$$

가 되므로 C_2 대칭 변환자는

$$\begin{bmatrix}0 & 0 & -1\\ 0 & -1 & 0\\ -1 & 0 & 0\end{bmatrix}$$

이 되어야 하고, 따라서 특성, χ는 -1 이 되어야 한다. 같은 방법으로 σ_h, S_3, σ_v 등에 대한 특성들은 각각 -3, 0, 1 이 됨을 알 수 있어, 최종적으로 π결합이 이루어졌을 때의 대표요소가 3 0 -1 -3 0 1 이 됨을 알 수 있게 된다. 이 대표요소 (Γ_{P_z})를 이루는 각 최소대표요소들의 참여도를 계산

하여 보면 Γ_{P_z}는 $A_2'' + E''$로 구성되어 있음을 알 수 있다.

이제 3 개 원자의 3 개의 전자궤도는 그림 5-11에서와 같이 D_{3h} 대칭으로 완성된 π결합에서, 한 개의 분자궤도로 되어 있는 A_2'' 최소대표요소와 2 개의 분자궤도로 되어 있는 E'' 최소대표요소 등의 3 개의 분자궤도로 전환되었음을 알 수 있게 된다. 이 분자의 전자궤도함수들을 각각 ψ_{A_1}, ψ_{E_1}, ψ_{E_c}라 할 때, 이들을 구성하는 원자의 전자궤도함수 ϕ_1, ϕ_2, ϕ_3의 기여도를 LCAO/MO 의 개념을 도입한 다음 식으로부터 얻을 수 있다.

$$\psi_r = \frac{l_r}{h}\sum \chi_r R_n^j \phi_i$$

여기서 l_r는 r 최소대표요소의 차원크기, χ_r는 r 최소대표요소의 특성, R_n^j은 n 대칭의 j 번째 대칭시행을 의미한다. 예를 들어 A_2'' 최소대표요소로 표현되는 분자궤도의 경우, 원자의 ϕ_1 전자궤도함수에 의한 분자궤도함수 기여도는

$$\begin{aligned} A_2'' = & \frac{1}{12}[1\times \mathrm{E}\times\phi_1 + 1\times C_3^1\times\phi_1 + 1\times C_3^2\times\phi_1 + (-1)\times C_2^1\times\phi_1 + (-1)\times \\ & C_2^2\times\phi_1 + (-1)\times C_2^3\times\phi_1 + (-1)\times\sigma_h\times\phi_1 + (-1)\times S_3^1\times\phi_1 + (-1)\times \\ & S_3^5\times\phi_1 + 1\times\sigma_v^1\times\phi_1 + 1\times\sigma_v^2\times\phi_1 + 1\times\sigma_v^3\times\phi_1] \\ = & \frac{1}{12}[\phi_1+\phi_2+\phi_3+\phi_1+\phi_3+\phi_2+\phi_1+\phi_2+\phi_3+\phi_1+\phi_3+\phi_2] \\ = & \frac{1}{3}[\phi_1+\phi_2+\phi_3] \end{aligned}$$

위의 과정을 수행하며 주의하여야 할 점은 S_3^2시행은 C_3^2과 같고 S_3^4는 C_3^1과 같은 결과가 되므로 특성표의 $2S_3$ 시행은 S_3^1과 S_3^5 것임을 이해하여야 한다. 또한 ϕ_2와 ϕ_3에 대해서도 같은 결과를 얻게 되므로 위의 결과 하나만으로 A_2'' 최소대표요소에 대한 분자궤도함수를 표현할 수 있다는 것이

다. 다시 E'' 최소대표요소의 경우 원자의 ϕ_1 전자궤도함수에 의한 분자궤도함수 기여도는

D_{3h}	E	$2C_3$	$3C_2$	σ_h	$2S_3$	$3\sigma_v$		
A_1'	1	1	1	1	1	1		x^2+y^2, z^2
A_2'	1	1	–1	1	1	–1	R_z	
E'	2	–1	0	2	–1	0	(x, y)	(x^2-y^2, xy)
A_1''	1	1	1	–1	–1	–1		
A_2''	1	1	–1	–1	–1	1	z	
E''	2	–1	0	–2	1	0	(R_x, R_y)	(xz, yz)

그림 5–11. D_{3h}의 특성표

$$\psi_{E''}=\frac{2}{12}[2\times \mathrm{E}\times\phi_1+(-1)\times C_3^1\times\phi_1+(-1)\times C_3^2\times\phi_1+0\times C_2^1\times\phi_1+0\times C_2^2\times\phi_1+0\times C_2^3\times\phi_1+(-2)\times\sigma_h\times\phi_1+1\times S_3^1\times\phi_1+1\times S_3^5\times\phi_1+0\times\sigma_v^1\times\phi_1+0\times\sigma_v^2\times\phi_1+0\times\sigma_v^3\times\phi_1]$$

$$=\frac{2}{12}[\ 2\phi_1-\phi_2-\phi_3+2\phi_1-\phi_2-\phi_3]$$

$$=\frac{1}{3}[\ 2\phi_1-\phi_2-\phi_3]$$

마찬가지로 ϕ_2와 ϕ_3에 대해서도 같은 결과를 얻게 되므로 위의 결과 하나만으로 E''최소대표요소에 대한 분자궤도함수를 표현할 수 있다는 것이다. 그러나 E''최소대표요소의 경우 2×2 차원의 크기를 갖고 있으므로, 또 다른 분자궤도함수가 반드시 존재하여야 한다는 것을 암시하고 있다. 이 경우 또 다른 하나의 분자궤도함수 $\psi_{E_2''}$는 반드시 $\phi_{E''}$에 수직하여야(Orthogonal) 한다. 일반적으로 2 개의 원자의 전자궤도함수가 서로 물리적인 연관이 있기 위해서는 다음 식을 만족하여야 한다. 즉 두 원자의 전자궤도함수을 곱하였을 때, i와 j가 같으면 곱한 값이 영이 아니고 i와 j가 다를 때 영이 되어 상호 작용이 없음을 나타낸다.

$$\int \phi_i \phi_j d\tau = 1 \quad (i = j)$$
$$= 0 \quad (i \neq j)$$

또한 2 개의 분자궤도함수의 상호반응의 경우, 상호 수직적인 관계를 유지하기 위해서는 다음식을 만족시켜야 한다.

$$\int \psi_{E'} \psi_{E_2''} d\tau = 0 \text{ (Orthogonal)}$$

이 관계식을 이용하여 $\psi_{E_2''}$를 구할수 있으며, 또한 다른 방법으로 구한 $\psi_{E_2''}$의 수직성 및 타당성을 음미할 수도 있다. 예를 들어 만일 $\psi_{E_2''}$가 $\psi_{E'}$과 비슷한 형태인

$$\psi_{E_2''} = \frac{1}{3}[\ 2\phi_2 - \phi_1 - \phi_3]$$

이라고 가정하면,

$$\int \psi_{E'} \psi_{E_2''} d\tau = \int \frac{1}{3}[2\phi_1 - \phi_2 - \phi_3] \times \frac{1}{3}[2\phi_2 - \phi_1 - \phi_3] d\tau$$

$$= \frac{1}{9} \int [4\phi_1\phi_2 - 2\phi_1\phi_1 - 2\phi_1\phi_3 - 2\phi_2\phi_2 + \phi_1\phi_2 + \phi_2\phi_3 - 2\phi_2\phi_3 + \phi_1\phi_3 + \phi_3\phi_3] d\tau$$

$$= \frac{1}{9}[\int 4\phi_1\phi_2 d\tau - \int 2\phi_1\phi_1 d\tau - \int 2\phi_1\phi_3 d\tau - \int 2\phi_2\phi_2 d\tau + \int \phi_1\phi_2 d\tau + \int \phi_2\phi_3 d\tau - \int 2\phi_2\phi_3 d\tau + \int \phi_1\phi_3 d\tau + \int \phi_3\phi_3 d\tau]$$

$$= \frac{1}{9}[4\times 0 - 2\times 1 - 2\times 0 - 2\times 1 + 1\times 0 + 1\times 0 - 2\times 0 + 1\times 0 + 1\times 1]$$

$$= \frac{1}{9} \times 5 \neq 0$$

이 되어 값이 영이 아니다. 따라서 $\psi_{E_2''}=\frac{1}{3}[2\phi_2-\phi_1-\phi_3]$의 형태 분자궤도 함수는 $\psi_{E''}$에 수직하지 못하므로 존재하지 않는다.

만일 $\psi_{E_2''}$가 ϕ_1을 제거한 형태인

$$\begin{aligned}\psi_{E_2''}&=\frac{1}{3}[2\phi_1-\phi_2-\phi_3]+\frac{2}{3}[2\phi_2-\phi_1-\phi_3]\\&=\frac{1}{3}[3\phi_2-3\phi_3]\\&=\frac{2}{3}[\phi_2-\phi_3]\end{aligned}$$

이라면

$$\begin{aligned}\int\psi_{E''}\psi_{E'_2}d\tau&=\int\frac{1}{3}[2\phi_1-\phi_2-\phi_3]\times\frac{2}{3}[\phi_2-\phi_3]d\tau\\&=\frac{2}{9}\int[2\phi_1\phi_2-2\phi_1\phi_3-\phi_2\phi_2+\phi_2\phi_3-\phi_2\phi_3+\phi_3\phi_3]d\tau\\&=\frac{2}{9}[\int 2\phi_1\phi_2d\tau-\int 2\phi_1\phi_3d\tau-\int\phi_2\phi_2d\tau+\int\phi_2\phi_3d\tau\\&\quad-\int\phi_2\phi_3d\tau+\int\phi_3\phi_3d\tau]\\&=\frac{2}{9}[2\times0-2\times0-1\times1+1\times0-1\times0+1\times1]\\&=\frac{2}{9}\times0=0\end{aligned}$$

이 되어 값이 영이 되므로, $\psi_{E_2''}=\frac{2}{3}[\phi_2-\phi_3]$형태의 분자궤도함수는 $\psi_{E''}$에 수직하여 구하고자 하는 두번째 분자궤도함수임을 알 수 있다. 위의 결과로부터 전자궤도함수 ϕ_1, ϕ_2, ϕ_3를 갖는 3 개의 원자가 D_{3h} 대칭구조를 이루면

$$\psi_{A_2''}=\frac{1}{3}[\phi_1+\phi_2+\phi_3]$$

$$\psi_{E''}=\frac{1}{3}[2\phi_1-\phi_2-\phi_3]$$

$$\psi_{E_2''}=\frac{2}{3}[\phi_2-\phi_3]$$

의 3 개의 분자궤도함수를 구성하게 됨을 알 수 있다. 이와 같이 E''최소대표요소의 경우 한 전자궤도함수에 의한 기여도를 구하여 얻어진 한 분자궤도함수를 이용하여, 합하거나 빼어서 수직적인 관계를 갖는 두 번째의 분자궤도함수를 구할 수 있다.

일반적으로 위에서 얻은 3 개의 분자궤도함수는 벡터의 크기가 1 인 형태로 표준화(Normalized)하여 표현한다. 임의의 크기의 벡터 $\overrightarrow{a_r}$는 다음과 같이 $\vec{x}$, $\vec{y}$, $\vec{z}$성분으로 표시할 수 있다

$$\overrightarrow{a_r}=a_1\vec{x}+a_2\vec{y}+a_3\vec{z}$$

이 벡터의 크기 $|\overrightarrow{a_r}|$는 $|\overrightarrow{a_r}|=\sqrt{a_1^2+a_2^2+a_3^2}$ 이므로 벡터의 크기가 $|\vec{a}|=1$로 표준화된 벡터 $\overrightarrow{a_r}$는

$$\overrightarrow{a_r}=\frac{a_1\vec{x}}{\sqrt{a_1^2+a_2^2+a_3^2}}+\frac{a_2\vec{y}}{\sqrt{a_1^2+a_2^2+a_3^2}}+\frac{a_3\vec{z}}{\sqrt{a_1^2+a_2^2+a_3^2}}$$

가 된다. 같은 방법으로 3 개 분자궤도함수를 표준화하여 최종적으로 표현하면

$$\psi_{A_2''}=\frac{1}{\sqrt{3}}[\phi_1+\phi_2+\phi_3]$$

$$\psi_{E''}=\frac{1}{\sqrt{6}}[2\phi_1-\phi_2-\phi_3]$$

$$\psi_{E_2''}=\frac{1}{\sqrt{2}}[\phi_2-\phi_3]$$

이 된다. 이는 3 개의 원자의 3 개의 전자궤도함수 ϕ_1, ϕ_2, ϕ_3가 D_{3h} 대칭군의 π결합을 하였을 때 새로이 생성되는 3 개의 분자궤도함수를 나타내며, 원자의 전자궤도함수 ϕ_1, ϕ_2, ϕ_3의 선형적 조합으로 이루어지고 있음을 알 수 있다. 이 경우 3 개의 원자의 3 개의 전자궤도함수가 선형적으로 조합하여(LCAO) 새로운 3 개의 분자궤도함수(MO)를 형성하였다고 한다. 그림 5-12에서와 같이 계산으로 얻어진 π결합의 LCAO/MO의 상대적인 에너지 위치를 도식적으로 표현할 수 있다. 진공 공간에 고립되어서 서로 연관성이 없어 동등한 에너지 상태로 표현되었던 3 개의 원자의 3 개의 전자들이 접근하여 한 분자를 형성하면, 서로 연관성을 갖게 되며 에너지 상태가 서로 다른 3 개의 분자궤도함수를 구성한다는 것을 알 수 있다. 즉 n개의 원자의 n개의 전자궤도함수는 n개의 분자궤도함수를 형성한다는 것이다. 특히 그림에서와 같이 E'' 최소대표요소로 표현되는 2×2 분자궤도함수는 에너지 상태가 서로 상호성이 있으며 하나의 에너지 상태가 2 개의 에너지 상태로 분리(Split)되어 있음을 알 수 있다. 다양한 n값에 따른 LCAO/MO 를 계산한 결과를 에너지 상태 변화와 함께 부록 2에 첨부하였다.

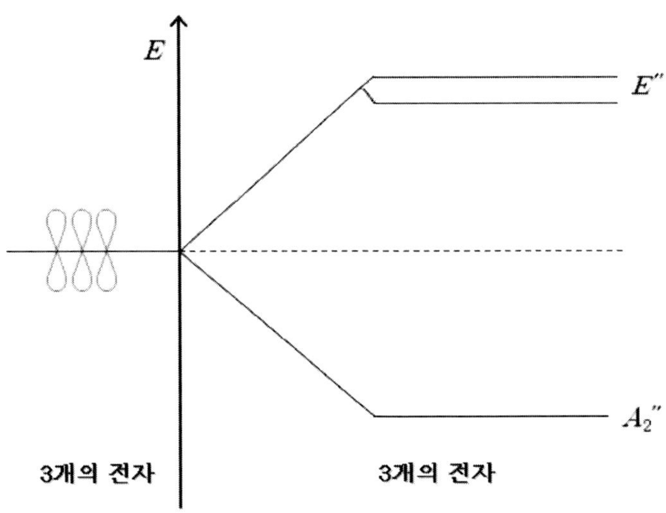

그림 5-12. 도식적 LCAO/MO 의 표현

5.3 Hückel 의 근사치 (Hückel's Approximation)

비록 대칭성에 의해 새로이 형성된 분자궤도함수들의 에너지 상태를 정확히 계산하는 것은 매우 어렵고 초대형 계산시설이 필요하나, 약간의 근사치 개념을 도입하면 원하는 수준에 근접한 정성적인 에너지 상태를 쉽게 계산할 수 있다. 이를 Hückel의 근사치라 하며, 몇 가지의 가정을 바탕으로 에너지 상태를 근사적으로 계산할 수 있도록 하였다. 이미 알고 있듯이 LCAO/MO에서는 결합에 참여하는 원자들의 최외각전자들이 분자 결합에서 새로운 에너지 상태를 이루고 그 형식은 다음 식과 같이 일반화 할 수 있다.

$$\psi_i = \sum_i c_i \phi_i$$

이 식을 이용하여 Schrödinger 방정식과 유사한 개념인 불변(Seculai) 방정식으로 분자궤도함수의 에너지 상태를 표현할 수 있다. 다음은 일반적인 파동 방정식을 표현한 것이다.

$$Hpsi_m - E\psi_m = (H-E)\psi_m = 0$$

여기서 H는 원자궤도함수에서 분자궤도함수로 전환되었을 때의 전환에너지 정도를 나타내고 E는 원자궤도함수의 에너지 상태를 나타낸다. 이 식을 다시 쓰면

$$(H-E)\psi_m = (H-E)\sum_i c_i \phi_i = \sum_i c_i (H-E)\phi_i = 0$$

이 된다. 예를 들어 2 개의 원자궤도함수 ϕ_1와 ϕ_2로 구성된 분자궤도의 경우 위 식은 다음과 같이 표현할 수 있다.

$$c_1(H-E)\phi_1 + c_2(H-E)\phi_2 = 0$$

여기에 양변을 ϕ_1로 곱하고 적분을 하면 다음과 같다.

$$\int c_1\phi_1(H-E)\phi_1 d\tau + \int c_2\phi_1(H-E)\phi_2 d\tau = 0$$

같은 방법으로 양변을 ϕ_2로 곱하고 적분을 하여 다음과 같은 식을 얻을 수 있다.

$$\int c_1\phi_2(H-E)\phi_1 d\tau + \int c_2\phi_2(H-E)\phi_2 d\tau = 0$$

E 의 경우는 상수라 할 수 있으므로 앞에서 언급한 결과를 이용하여

$$\int \phi_i E\phi_i d\tau = E\int \phi_i\phi_i d\tau = c_i E$$

$$\int \phi_i E\phi_j d\tau = E\int \phi_i\phi_j d\tau = 0$$

로 쓸 수 있고, 다음의 3가지 표현을 이용하여 위의 2 식을 정리할 수 있다.

$$H_{ii} = \int \phi_i H\phi_i d\tau$$

$$H_{ij} = \int \phi_i H\phi_j d\tau$$

$$S_{ij} = \int \phi_i\phi_j d\tau$$

여기서 H_{ii}의 물리적인 의미는 앞에서 언급한 바와 같이 원자궤도함수에서 분자궤도함수로 전환되었을 때의 전환에너지 정도를 나타내고, H_{ij}는 구성된 분자 내에서 서로 다른 ϕ_i와 ϕ_j의 상호작용에 의한 에너지 변화, 그리고 Sij 는 분자 내에서 인접한 2 개의 ϕ_i와 ϕ_j 원자궤도가 서로 중첩되는 정도에 따른 에너지 변화를 나타낸다고 할 수 있다. 위 식을 다시 쓰면

$$c_1(H_{11}-E)+c_2(H_{12}-ES_{12})=0$$

$$c_1(H_{21}-ES_{21})+c_2(H_{22}-E)=0$$

가 되며, 위 식은 $c_1 = c_2 = 0$ 이면 성립되거나, c_1 과 c_2 의 계수들이 0 이면 성립된다. 후자의 경우를 행렬식으로 표현하면

$$\begin{vmatrix} H_{ii} - E & H_{12} - E\ S_{12} \\ H_{21} - E\ S_{21} & H_{22} - E \end{vmatrix} = 0$$

이 식을 불변(Secular) 방정식이라 하며, 이 식으로부터 그림 5-13에서와 같이 2 개 원자의 전자궤도함수 ϕ_1 와 ϕ_2 에 의해 구성된 2 개의 분자궤도함수 ψ_1과 ψ_2의 에너지 상태인 E_1 과 E_2 를 계산할 수 있게 된다. 관행적으로 ψ_1을 낮은 에너지 상태로 표시하고 ψ_2를 높은 에너지 상태로 표시한다. 그림 5-13에서와 같이, ψ_1이 ψ_2보다 낮은 이유는 같은 방향으로 2 개의 원자궤도함수가 구성되는 것이 다른 방향으로 구성되는 것보다 동질성에 의해 낮은 에너지 상태를 보이기 때문이라 할 수 있다.

$$\psi_1 = (\text{상수})(\phi_1 + \phi_2)$$

$$\psi_2 = (\text{상수})(\phi_1 - \phi_2)$$

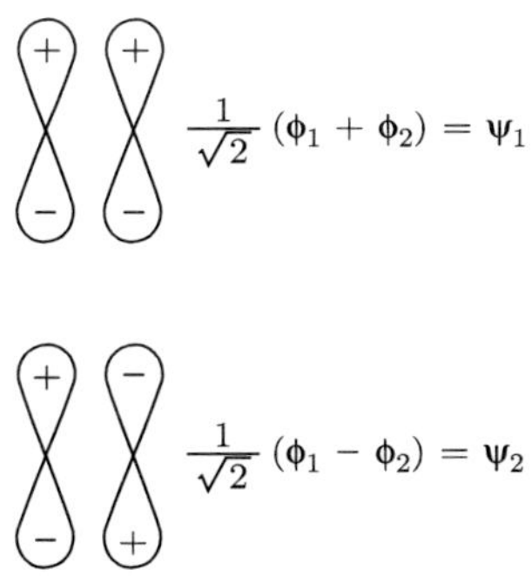

a) 분자궤도함수

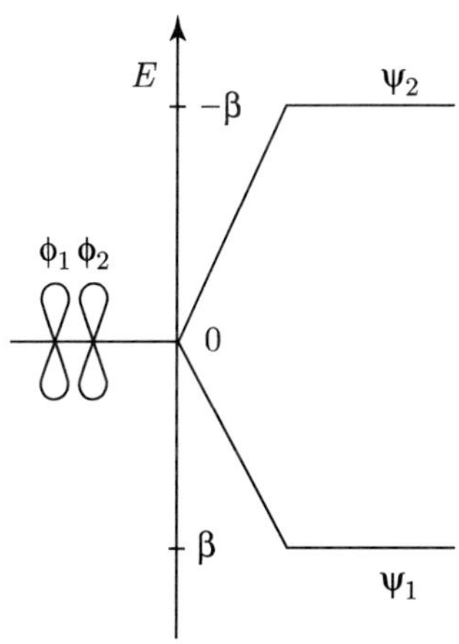

b) 에너지 상태

그림 5-13. 분자궤도함수의 에너지 상태

이제 이와 같은 불변 방정식으로부터 에너지 상태를 반정량적으로 구하기 위하여서는 Hückel 의 근사치를 도입하여야 한다. 첫째, 에너지와 S_{ij}와 곱한 값을 영으로 하거나, $S_{ij}=0$ 으로 한다. 실제 이 값은 분자 내에서 인접한 2 개의 ϕ_i와 ϕ_j전자궤도가 서로 중첩되는 정도에 따른 에너지 변화를 나타내므로 영이 아니나 그 값의 크기가 일반적으로 크지 않으므로 영으로 근사치화 한다는 것이다. 둘째, 2 개의 ϕ_i와 ϕ_j원자궤도가 인접하여 있지 않으면 $H_{ij}=0$ 으로 하고, 2 개의 ϕ_i와 ϕ_j 원자궤도가 인접하여 있으면 $H_{ij}=\beta$ 라는 에너지 상태 값을 갖는 것으로 한다. 셋째, $H_{ii}=\alpha$로 하며 $\alpha=0$으로 한다. 실제 H_{ii} 값은 영은 아니나, 분자가 구성되어 에너지 상태가 변한 뒤의 H_{ii}값을 기준치로 하여 영으로 한다는 것이다. 이와 같은 근사치를 가정하면 언급한 바와 같이 초대형 계산 설비를 이용하지 않아도 간단히 근사치화한 에너지 상태의 변화를 계산할 수 있게 된다. 물론 근사치가 정확한 결과는 아니라도 필요한 의미를 부여하기에 충분하다 할 수 있다. Hückel 의 근사치를 도입하여 위의 불변 방정식을 정리하면 다음과 같다.

$$\begin{vmatrix} 0-E & \beta-0 \\ \beta-0 & 0-E \end{vmatrix}=0$$

가 된다. 이 식을 풀면

$(0-E)^2-(\beta-0)^2=0$ 혹은

$E^2-\beta^2=0$ 가 되어

$E=\pm\beta$

가 되어 그림 5-13 b) 에 표시한 결과를 얻을 수 있게 된다. 3 개 이상의 원자의 전자궤도함수가 참여하여 얻어지는 분자궤도함수들은 부록 2와 같다.

제6장
대칭군 응용(II)

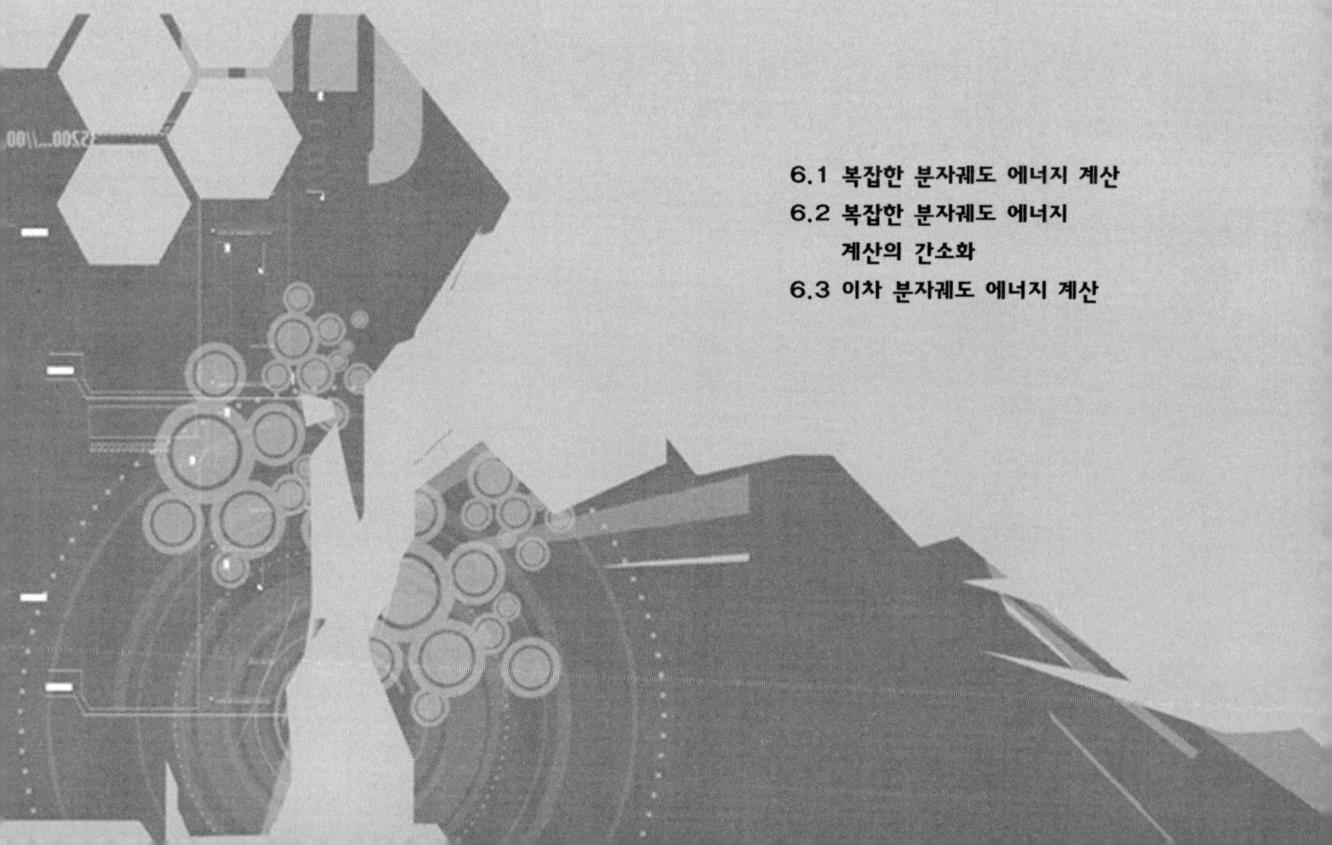

6.1 복잡한 분자궤도 에너지 계산

대칭군 이론을 이용하여 그림 6-1 에서와 같이 비교적 간단한 구조의 나프탈렌(Naphthalene) 분자궤도의 에너지 상태 변화를 음미하여 보자. 나프탈렌의 대칭군은 D_{2h} 이며 각 탄소 원자의 전자궤도함수를 1 에서 10 까지의 번호로 표시하였다. 전자궤도함수의 번호를 검토하여 보면,

a) 1, 4, 5, 8

b) 2, 3, 6, 7

c) 9, 10

의 3 종류로 대칭성을 분류할 수 있으며, 각 종류별로 특성표를 작성할 수 있나.

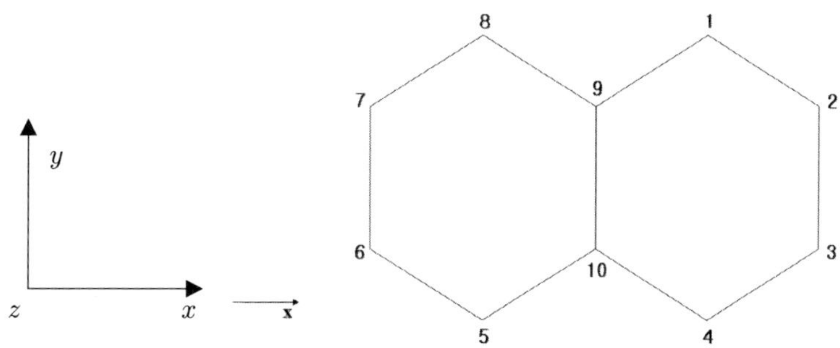

그림 6-1. 나프탈렌 분자구조

나프탈렌의 대칭요소중에서 $C_2(y)$의 대칭을 a) 종류의 경우에 대해 시행하면

$$\begin{bmatrix} 0 & 0 & 0 & -1 \\ 0 & 0 & -1 & 0 \\ -1 & 0 & 0 & 0 \\ -1 & 0 & 0 & 0 \end{bmatrix} \begin{bmatrix} 1 \\ 4 \\ 5 \\ 8 \end{bmatrix} = \begin{bmatrix} -8 \\ -5 \\ -4 \\ -1 \end{bmatrix}$$

가 되어야 하므로 대칭 시행 변환자는 위와 같아야 하고 따라서 특성 χ_{1458} = 0 이 된다. 이와 같은 방법으로 3 종류의 전자궤도함수들의 대표요소들을 모두 구하여 그림 6-2에 나타내었다.

D_{2h}	E	$C_2(z)$	$C_2(y)$	$C_2(x)$	i	$\sigma(xy)$	$\sigma(xz)$	$\sigma(yz)$
Γ_{1458}	4	0	0	0	0	-4	0	0
Γ_{2367}	4	0	0	0	0	-4	0	0
$\Gamma_{9\ 10}$	2	0	-2	0	0	-2	0	2
A_g	1	1	1	1	1	1	1	1
B_{1g}	1	1	-1	-1	1	1	-1	-1
B_{2g}	1	-1	1	-1	1	-1	1	-1
B_{3g}	1	-1	-1	1	1	-1	-1	1
A_u	1	1	1	1	-1	-1	-1	-1
B_{1u}	1	1	-1	-1	-1	-1	1	1
B_{2u}	1	-1	1	-1	-1	1	-1	1
B_{3g}	1	-1	-1	1	-1	1	1	-1

그림 6-2. D_{2h} 나프탈렌의 대표요소

이제 각 대표요소를 구성하는 최소대표요소들의 기여도를 구하여야 한다.

$$a_{Ag}=\frac{1}{8}[1\times4\times1+1\times0\times1+1\times0\times1+1\times0\times1+1\times0\times1+1\times(-4)\times1+$$
$$1\times0\times1+1\times0\times1]=0$$

$$a_{B2g}=\frac{1}{8}[1\times4\times1+1\times0\times(-1)+1\times0\times1+1\times0\times(-1)+1\times0\times1+1\times(-4)\times(-1)+$$
$$1\times0\times1+1\times0\times(-1)]=\frac{8}{8}=1$$

같은 방법으로 모든 최소대표요소의 참여도를 계산하면

$$\Gamma_{1458}=B_{2g}+B_{3g}+A_u+B_{1u}$$

가 됨을 알 수 있다. 마찬가지 방법으로

$$\Gamma_{2367} = B_{2g} + B_{3g} + A_u + B_{1u}$$

$$\Gamma_{9\ 10} = B_{1u} + B_{3g}$$

가 된다. 이미 언급한 바와 같이 10 개의 원자의 전자궤도함수는 나프탈렌에서 10 개의 분자궤도함수를 형성하게 되므로, 원자의 전자궤도함수가 각 분자궤도함수에 기여하는 정도를 계산할 수 있다. 예를 들어 B_{2g}의 분자궤도함수를 구하여 보면

$$\psi_{B_{2g}} = \frac{1}{8}[1E\phi_2 + (-1)C_2(z)\phi_2 + 1C_2(y)\phi_2 + (-1)C_2(x)\phi_2 + 1\mathrm{i}\phi_2 + (-1)\sigma(xy)\phi_2 + 1\sigma(xz)\phi_2 + (-1)\sigma(yz)\phi_2]$$

$$= \frac{1}{8}[\phi_2 - \phi_6 - \phi_7 + \phi_3 - \phi_6 + \phi_2 + \phi_3 - \phi_7]$$

$$= \frac{1}{4}[\phi_2 + \phi_3 - \phi_6 - \phi_7]$$

이 되고, A_u의 분자궤도함수를 구하여 보면

$$\psi_{Au} = \frac{1}{8}[1E\phi_1 + 1C_2(z)\phi_1 + 1C_2(y)\phi_1 + 1C_2(x)\phi_1 + (-1)\mathrm{i}\phi_1 + (-1)\sigma(xy)\phi_1 + (-1)\sigma(xz)\phi_1 + (-1)\sigma(yz)\phi_1]$$

$$= \frac{1}{8}[\phi_1 + \phi_5 - \phi_8 - \phi_4 + \phi_5 + \phi_1 - \phi_8 - \phi_4]$$

$$= \frac{1}{4}[\phi_1 - \phi_4 + \phi_5 - \phi_8]$$

이 된다. 같은 방법으로 다른 8 개의 분자궤도함수를 구하여 표준화하여 정리하면 다음과 같이 모두 10 개로 표현할 수 있다.

$$A_u \ :\ \psi_{A_{u1}} = \frac{1}{2}[\phi_1 - \phi_4 + \phi_5 - \phi_8]$$

$$\psi_{A_{u2}}=\frac{1}{2}[\phi_2-\phi_3+\phi_6-\phi_7]$$

$$B_{1u}\ :\ \psi_{B_{1u3}}=\frac{1}{2}[\phi_1+\phi_4+\phi_5+\phi_8]$$

$$\psi_{B_{1u4}}=\frac{1}{2}[\phi_2+\phi_3+\phi_6+\phi_7]$$

$$\psi_{B_{1u5}}=\frac{1}{2}[\phi_9+\phi_{10}]$$

$$B_{2g}\ :\ \psi_{B_{2g6}}=\frac{1}{2}[\phi_1+\phi_4-\phi_5-\phi_8]$$

$$\psi_{B_{2g7}}=\frac{1}{2}[\phi_2+\phi_3-\phi_6-\phi_7]$$

$$B_{3g}\ :\ \psi_{B_{3g8}}=\frac{1}{2}[\phi_1-\phi_4-\phi_5+\phi_8]$$

$$\psi_{B_{3g_9}}=\frac{1}{2}[\phi_2-\phi_3-\phi_6+\phi_7]$$

$$\psi_{B_{3g10}}=\frac{1}{2}[\phi_9-\phi_{10}]$$

그러나 위의 10 개의 식을 아래의 식에 대입한 다음, 적분을 하여 불변의 식을 구성하는 것은 매우 시간이 소요되는 작업이라 할 수 있다. 따라서 앞에서 적용한 개념 등을 도입하여 불변의 식을 그림 6-3과 같이 비교적 간단히 요약할 수 있다.

$$(H-E)\psi_m=(H-E)\sum_i c_i(H-E)\phi_i=0$$

$$\begin{vmatrix} H_{11}-E & H_{12}-ES_{12} & H_{13}-ES_{13} & \cdots & H_{1\ 10}-ES_{1\ 10} \\ H_{21}-ES_{21} & H_{22}-E & \cdots & \cdots & \cdots \\ \cdots & \cdots & H_{33}-E & \cdots & \cdots \\ \vdots & \vdots & \vdots & \ddots & \vdots \\ H_{10\ 1}-ES_{10\ 1} & \cdots & \cdots & \cdots & H_{10\ 10}-E \end{vmatrix}=0$$

그림 6-3. D_{2h} 나프탈렌의 불변의 방정식

그러나 아직도 10×10의 매우 복잡한 행렬식이어서 에너지를 구하는데 많은 노력이 필요하다. 다시 Hückel 근사치 개념을 도입하면

$H_{11}=H_{22}=H_{33}=H_{44}=H_{55}=H_{66}=H_{77}=H_{88}=H_{99}=H_{10\ 10}=\alpha=0$

$H_{12}=H_{23}=H_{33}=H_{34}=H_{55}=H_{56}=H_{67}=H_{78}=H_{89}=H_{9\ 10}=H_{19}=H_{4\ 10}=$

$H_{5\ 10}=\beta$

$H_{ij}=0$ (ϕ_i 와 ϕ_j가 인접하지 않은 경우)

$S_{ij}=0$

이 되므로 이를 이용하여 그림 6-3 의 불변의 방정식을 그림 6-4 와 같이 간략히 할 수 있다.

$$\begin{vmatrix} -E & 1 & 0 & 0 & 0 & 0 & 0 & 0 & 0 & 0 \\ 1 & -E & 1 & 0 & 0 & 0 & 0 & 0 & 0 & 0 \\ 1 & 0 & -E & 1 & 0 & 0 & 0 & 0 & 0 & 0 \\ 0 & 0 & 1 & -E & 0 & 0 & 0 & 0 & 0 & 0 \\ 0 & 0 & 0 & 0 & -E & 1 & 0 & 0 & 0 & 0 \\ 0 & 0 & 0 & 0 & 1 & -E & 1 & 0 & 0 & 0 \\ 0 & 0 & 0 & 0 & 0 & 1 & -E & 1 & 0 & 0 \\ 0 & 0 & 0 & 0 & 0 & 0 & 1 & -E & 1 & 0 \\ 0 & 0 & 0 & 0 & 0 & 0 & 0 & 1 & -E & 1 \\ 0 & 0 & 0 & 0 & 0 & 0 & 0 & 0 & 1 & -E \end{vmatrix} = 0$$

그림 6-4. D_{2h} 나프탈렌의 근사치 불변 방정식

이와 같이 Hückel 의 근사치 개념을 도입하여 불변의 방정식을 매우 간단히 하였으나 아직도 10×10의 복잡한 계산을 하여야 한다. 그러나 다행스럽게도 대칭성을 고려한 분자들에 대한 문제를 다룰 때에는 행렬식의 블럭화를 통하여 방정식의 계산을 가능하게 할 수 있다. 즉, 같은 최소대표요소로 분류되는 분자궤도함수들은 모두 물리적으로 같은 대칭적인 특징을 나타내므로 같은 종류의 해법을 갖는다. 따라서 10 개의 모든 해법을 동시에 구할 필요가 없이 같은 최소대표요소들만에 대해서 해답을 구하면 된다. 이를 대칭성 블럭화(Symmetry Factoring) 라 한다. 이 행렬식을 블럭화하기 위

해서는 위에서 구한 10 개의 분자궤도함수를 그림 6-5에서와 같이 배열하여야 한다. 즉 행과 열로 각각의 최소대표요소에 해당하는 10 개의 분자 궤도함수를 각각 나열하고 이들에 맞추어 그림 6-3의 불변의 방정식을 다시 배열한다. 이제 각각의 최소대표요소 별로 블럭화하면, 대칭적으로 이들 블럭들만 계산하면 되고 불럭 이외의 것들은 모두 영이 된다는 것이다. 이제 그림 6-5에서와 같이 2 개의 2×2 및 3 개의 3×3 크기로 블럭화 된 행렬식에 Hückel의 근사치 개념을 도입하여 불변의 방정식을 간단히 하여 계산하면, 대칭성에 의해 형성된 분자궤도 함수들의 상대적인 에너지 상태를 매우 쉽게 이해할 수 있다.

$$
\begin{array}{cc|cc|ccc|cc|ccc|}
 & & \multicolumn{2}{c|}{A_u} & \multicolumn{3}{c|}{B_{1u}} & \multicolumn{2}{c|}{A_{2g}} & \multicolumn{3}{c|}{B_{3g}} \\
 & & \psi_1 & \psi_2 & \psi_3 & \psi_4 & \psi_5 & \psi_6 & \psi_7 & \psi_8 & \psi_9 & \psi_{10} \\
\hline
A_u & \psi_1 & H_{11}-E & H_{12} & & & & & & & & \\
 & \psi_2 & H_{21} & H_{22}-E & & & & & & & & \\
\hline
B_{1u} & \psi_3 & & & H_{33}-E & H_{34} & H_{35} & & & & & \\
 & \psi_4 & & & H_{43} & H_{44}-E & H_{45} & & & & & \\
 & \psi_5 & & & H_{53} & H_{54} & H_{55}-E & & & & & \\
\hline
B_{2g} & \psi_6 & & & & & & A_{66}-E & H_{67} & & & \\
 & \psi_7 & & & & & & H_{76} & H_{77}-E & & & \\
\hline
B_{3g} & \psi_8 & & & & & & & & H_{88}-E & H_{89} & H_{8\,10} \\
 & \psi_9 & & & & & & & & H_{98} & H_{99}-E & H_{9\,10} \\
 & \psi_{10} & & & & & & & & H_{10\,8} & H_{10\,9} & H_{10\,10}-E \\
\hline
\end{array}
$$

그림 6-5 블럭화한 D_{2h} 나프탈렌의 불변의 방정식

각 최소대표요소 별로 블럭화가 이루어지면 다음과 같이 수학적인 처리를 거쳐 계산을 할 수 있다. 먼저 A_u 대칭성의 경우에는 다음의 불변 방정식의 행렬식으로 블록화하여 계산할 수 있다.

$$\begin{vmatrix} \psi_{Au1}\psi_{Au1}-E & \psi_{Au1}\psi_{Au2} \\ \psi_{Au2}\psi_{Au1} & \psi_{Au2}\psi_{Au2}-E \end{vmatrix}=0$$

여기에 각 전자궤도함수를 대입하면

$$\begin{vmatrix} \frac{1}{4}[\phi_1-\phi_4+\phi_5-\phi_8][\phi_1-\phi_4+\phi_5-\phi_8]-E & \frac{1}{4}[\phi_1-\phi_4+\phi_5-\phi_8][\phi_2-\phi_3+\phi_6-\phi_7] \\ \frac{1}{4}[\phi_2-\phi_3+\phi_6-\phi_7][\phi_1-\phi_4+\phi_5-\phi_8] & \frac{1}{4}[\phi_2-\phi_3+\phi_6-\phi_7][\phi_2-\phi_3+\phi_6-\phi_7]-E \end{vmatrix}$$

이 된다. 이를 정리하면

$$\frac{1}{4}\begin{vmatrix} 4\alpha-E & 4\beta \\ 4\beta & 4\alpha-4\beta-E \end{vmatrix}=0$$

가 되며, $\alpha=0$ 과 $\beta=1$ 을 대입하면

$$\begin{vmatrix} -E & 1 \\ 1 & -1-E \end{vmatrix}=0$$

이 되어 $(-E)(-1-E)-(1)(1)=0$ 즉 $E^2+E-1=0$ 이 되어

$$E_{Au1}=0.618$$

$$E_{Au2}=-1.618$$

를 얻게 된다. 같은 방법으로 B_{1u} 의 대칭성에 대하여 불변 방정식을 구하면

$$\begin{vmatrix} \psi_{B_{1u3}}\psi_{B_{1u3}}-E & \psi_{B_{1u3}}\psi_{B_{1u4}} & \psi_{B_{1u3}}\psi_{B_{1u5}} \\ \psi_{B_{1u4}}\psi_{B_{1u3}} & \psi_{B_{1u4}}\psi_{B_{1u4}}-E & \psi_{B_{1u4}}\psi_{B_{1u5}} \\ \psi_{B_{1u5}}\psi_{B_{1u3}} & \psi_{B_{1u5}}\psi_{B_{1u4}} & \psi_{B_{1u5}}\psi_{B_{1u5}} \end{vmatrix} = 0$$

가 되므로 Hückel의 근사치를 이용하여 정리하면

$$\begin{vmatrix} (\alpha-E) & \beta & 2\beta \\ \beta & (\alpha+\beta-E) & 0 \\ 2\beta & 0 & (\alpha+\beta-E) \end{vmatrix} = 0$$

이 되어 B_{1u}분자궤도들의 에너지를 계산하여 보면

$$E_{B_{1u3}} = 1$$

$$E_{B_{1u4}} = -1.303$$

$$E_{B_{1u5}} = 2.303$$

를 얻는다. 같은 방법으로 B_{2g} 과 B_{3g} 의 대칭성에 대하여 에너지를 구하면

$$E_{B_{2g6}} = 1.618$$

$$E_{B_{2g7}} = -0.618$$

$$E_{B_{3g8}} = -2.303$$

$$E_{B_{3g9}} = -1$$

$$E_{B_{3g10}} = 1.303$$

을 얻게 되어 모두 10 개의 분자궤도함수에 의한 에너지 상태를 구할 수 있

게 된다. 그림 6-6 은 근사치로 구한 나프탈렌 π결합의 10 개의 분자궤도함수, 즉 에너지 상태의 상대적인 위치를 나타내고 있다.

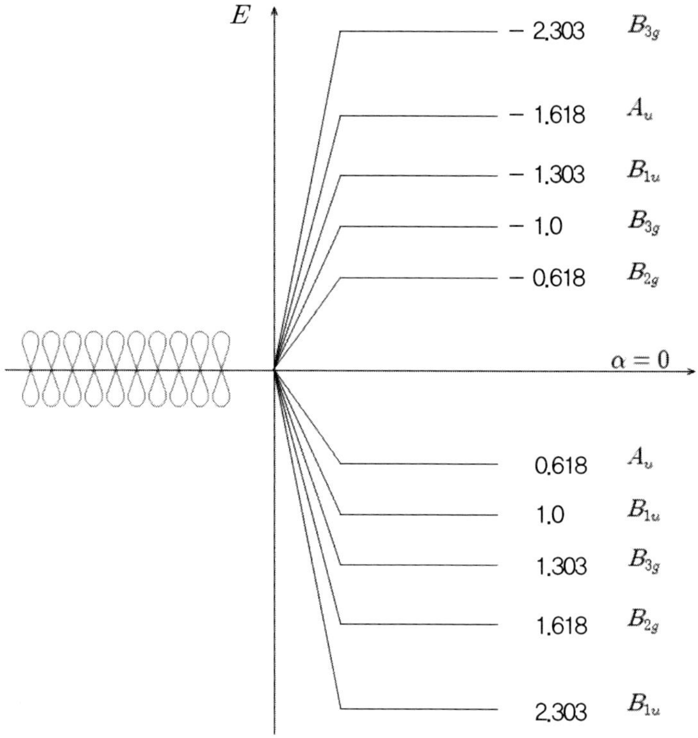

그림 6-6. D_{2h} 나프탈렌의 π 결합 에너지 상태

6.2 복잡한 분자궤도에너지 계산의 간소화

다른 예를 흑연과 같은 D_{6h} 대칭군의 π결합에 대하여 계산하기 위하여 그림 6-7과 같이 각 탄소 원자의 P_z 전자궤도함수를 1 에서 6 까지의 번호로 표시하였다. 이 때 6 개의 전자궤도함수는 모두 동등한 상태이므로 Γ_{123456}

의 대표요소를 구하여 그림 6-8에서와 같이 특성표를 작성할 수 있다.

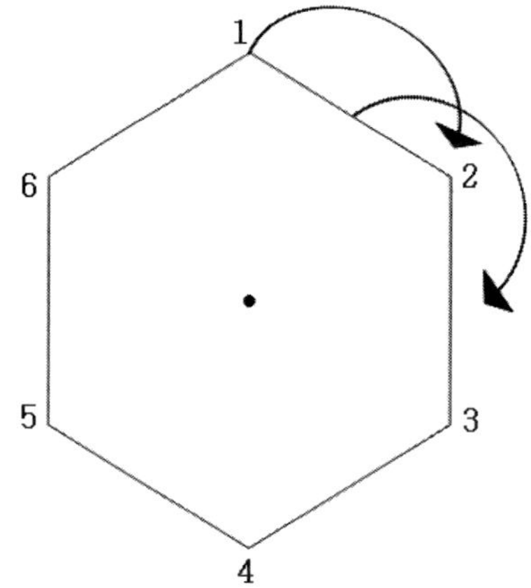

그림 6-7. 흑연의 분자구조

D_{6h} 대칭군의 E의 대칭을 시행하면

$$\begin{bmatrix}1&0&0&0&0&0\\0&1&0&0&0&0\\0&0&1&0&0&0\\0&0&0&1&0&0\\0&0&0&0&1&0\\0&0&0&0&0&1\end{bmatrix}\begin{bmatrix}1\\2\\3\\4\\5\\6\end{bmatrix}=\begin{bmatrix}1\\2\\3\\4\\5\\6\end{bmatrix}$$

가 되어야 하므로 E대칭 시행 변환자는 위가 되어야 하고, 따라서 E대칭 요소의 특성 $\chi_{123456}=6$이 된다. C_6의 대칭을 시행하면

$$\begin{bmatrix}0&0&0&0&0&1\\1&0&0&0&0&0\\0&1&0&0&0&0\\0&0&1&0&0&0\\0&0&0&1&0&0\\0&0&0&0&1&0\end{bmatrix}\begin{bmatrix}1\\2\\3\\4\\5\\6\end{bmatrix}=\begin{bmatrix}6\\1\\2\\3\\4\\5\end{bmatrix}$$

가 되어야 하므로 대칭 시행 변환자는 위가 되어야 하고, 따라서 C_6의 대

칭요소의 특성 $\chi_{123456} = 0$이 된다. 이와 같은 방법으로 12 개의 대칭요소에 대하여 특성을 모두 구하여야 한다. 이는 매우 복잡하고 지루한 계산을 반복하여야 하고, 그림 6-8에서와 같은 D_{6h} 대칭군의 매우 커다란 특성표를 이용하여야 하는 문제를 갖고 있다.

D_{6h}	E	$2C_6$	$2C_3$	C_2	$3C_2'$	$3C_2''$	i	$2S_3$	$2S_6$	σ_h	$3\sigma_d$	$3\sigma_v$
A_{1g}	1	1	1	1	1	1	1	1	1	1	1	1
A_{2g}	1	1	1	1	−1	−1	1	1	1	1	−1	−1
B_{1g}	1	−1	1	−1	1	−1	1	−1	1	−1	1	−1
B_{2g}	1	−1	1	−1	−1	1	1	−1	1	−1	−1	1
E_{1g}	2	1	−1	−2	0	0	2	1	−1	−2	0	0
E_{2g}	2	−1	−1	2	0	0	2	−1	−1	2	0	0
A_{1u}	1	1	1	1	1	1	−1	−1	−1	−1	−1	−1
A_{2u}	1	1	1	1	−1	−1	−1	−1	−1	−1	1	1
B_{1u}	1	−1	1	−1	1	−1	−1	1	−1	1	−1	1
B_{2u}	1	−1	1	−1	−1	1	−1	1	−1	1	1	−1
E_{1u}	2	1	−1	−2	0	0	−2	−1	1	2	0	0
E_{2u}	2	−1	−1	2	0	0	−2	1	1	−2	0	0
Γ_{123456}	6	0	0	0	−2	0	0	0	0	−6	2	0

그림 6-8. D_{6h} 대칭군의 특성표

이를 이용하여 각각의 최소대표요소들의 참여도를 계산하여 보면, 결과적으로

$$a_{A_{1g}} = \frac{1}{24}[6+0+0+0+3(-2)+0+0+0+(-6)+3\times2+0] = 0$$

$$a_{A_{2u}} = \frac{1}{24}[6+0+0+0+3(-2)(-1)+0+0+0+(-6)(-1)+3\times2+0] = \frac{24}{24} = 1$$

$$a_{B_{2g}} = \frac{1}{24}[6+0+0+0+3(-2)(-1)+0+0+0+0+(-6)(-1)+3\times2(-1)] = 1$$

$$a_{E_{2g}} = \frac{1}{24}[6(2)+0+0+0+0+0+0+0+0+(-6)(-2)+0+0] = 1$$

$$a_{E_{2u}} = \frac{1}{24}[6(2)+0+0+0+0+0+0+0+0+(-6)(-2)+0+0] = 1$$

가 된다. 즉,

$$\Gamma_{123456} = A_{2u} + B_{2g} + E_{1g} + E_{2u}$$

가 됨을 알 수 있다.

그러나 흑연의 대칭성을 분석하면 이와 같은 복잡하고 지루한 계산을 피할 수 있게 된다. 즉, 6 개의 탄소 원자에 의한 6 개의 전자궤도함수는 분자를 구성하였을 때, 동등한 상태로 분자를 구성하는데 기여 한다는 것이다. 일반적으로 n개의 전자궤도함수로 구성된 순수 회전 대칭군은 주기성(Cyclic) 회전 대칭군이라 하며, D_n과 같이 높은 Class의 대칭군에 속하여 있어도 낮은 Class의 C_n 대칭군으로 분류하여 분자궤도함수를 간단히 분석할 수 있다.

이제 C_6 대칭군의 E의 대칭을 시행하면

$$\begin{bmatrix} 1&0&0&0&0&0 \\ 0&1&0&0&0&0 \\ 0&0&1&0&0&0 \\ 0&0&0&1&0&0 \\ 0&0&0&0&1&0 \\ 0&0&0&0&0&1 \end{bmatrix} \begin{bmatrix} 1\\2\\3\\4\\5\\6 \end{bmatrix} = \begin{bmatrix} 1\\2\\3\\4\\5\\6 \end{bmatrix}$$

가 되어야 하므로 E 대칭 시행 변환자는 위와 같이 되어야 하고 따라서 E 대칭요소의 특성 $\chi_{123456} = 6$ 이 된다. C_6의 대칭을 시행하면

$$\begin{bmatrix} 0&0&0&0&0&1 \\ 1&0&0&0&0&0 \\ 0&1&0&0&0&0 \\ 0&0&1&0&0&0 \\ 0&0&0&1&0&0 \\ 0&0&0&0&1&0 \end{bmatrix} \begin{bmatrix} 1\\2\\3\\4\\5\\6 \end{bmatrix} = \begin{bmatrix} 6\\1\\2\\3\\4\\5 \end{bmatrix}$$

가 되어야 하므로 대칭 시행 변환자는 위와 같이 되어야 하고 따라서 C_6의 대칭요소의 특성 $\chi_{123456} = 0$ 이 된다. 이와 같은 방법으로 6 개의 대칭요소에 대하여 특성을 모두 구하면 매우 복잡하고 지루한 계산을 피할 수 있고, 그림 6-9에서와 같이 D_{6h}에 비해 비교적 간단한 C_6 대칭군의 특성표를 얻을 수 있게 된다.

C_6	E	C_6	C_3	C_2	C_3^2	C_6^5
A	1	1	1	1	1	1
B	1	-1	1	-1	1	-1
E_1	$\begin{cases}1\\1\end{cases}$	$\begin{matrix}\epsilon\\\epsilon^*\end{matrix}$	$\begin{matrix}-\epsilon^*\\-\epsilon\end{matrix}$	$\begin{matrix}-1\\-1\end{matrix}$	$\begin{matrix}-\epsilon\\-\epsilon^*\end{matrix}$	$\begin{matrix}\epsilon^*\\\epsilon\end{matrix}$
E_2	$\begin{cases}1\\1\end{cases}$	$\begin{matrix}-\epsilon^*\\-\epsilon\end{matrix}$	$\begin{matrix}-\epsilon\\-\epsilon^*\end{matrix}$	$\begin{matrix}1\\1\end{matrix}$	$\begin{matrix}-\epsilon^*\\-\epsilon\end{matrix}$	$\begin{matrix}-\epsilon\\-\epsilon^*\end{matrix}$
Γ_{123456}	6	0	0	0	0	0

그림 6-9. C_6 대칭군의 특성표

이를 이용하여 각각의 최소대표요소들의 참여도를 계산하여 보면,

$$a_A = \frac{1}{6}[6+0+0+0+0+0] = 1$$

$$a_B = \frac{1}{6}[6+0+0+0+0+0] = 1$$

$$a_{E_1} = \frac{1}{6}[6+0+0+0+0+0] = 1$$

$$a_{E_2} = \frac{1}{6}[6+0+0+0+0+0] = 1$$

가 되어

$$\Gamma_{123456} = A + B + E_1 + E_2$$

를 얻게 된다.

이를 이용하여 6 개의 탄소원자의 P_z 궤도함수로 구성된 흑연분자의 6 개 분자궤도함수를 계산하여 보면,

$$\mathrm{A} : \psi_{A_1} = \frac{1}{6}[E\phi_1 + C_6\phi_1 + C_3\phi_1 + C_2\phi_1 + C_3^2\phi_1 + C_6^5\phi_1]$$

$$= \frac{1}{6}[\phi_1 + \phi_2 + \phi_3 + \phi_4 + \phi_5 + \phi_6]$$

가 된다. 같은 방법으로 나머지 5 개의 분자궤도함수를 계산하면

$$B : \psi_{B_2} = \frac{1}{6}[\phi_1 - \phi_2 + \phi_3 - \phi_4 + \phi_5 - \phi_6]$$

$$E_1 : \psi_{E_{13}} = \frac{1}{6}[2\phi_1 + \phi_2 - \phi_3 - 2\phi_4 - \phi_5 + \phi_6]$$

$$\psi_{E_{14}} = \frac{1}{6}[\phi_2 + \phi_3 - \phi_5 - \phi_6]$$

$$\psi_{E_{25}} = \frac{1}{6}[2\phi_1 - \phi_2 - \phi_3 + 2\phi_4 - \phi_5 - \phi_6]$$

$$\psi_{E_{26}} = \frac{1}{6}[\phi_2 - \phi_3 + \phi_5 - \phi_6]$$

이 되어, 이들을 표준화하면

$$\psi_{A_1} = \frac{1}{\sqrt{6}}[\phi_1 + \phi_2 + \phi_3 + \phi_4 + \phi_5 + \phi_6]$$

$$\psi_{B_2} = \frac{1}{\sqrt{6}}[\phi_1 - \phi_2 + \phi_3 - \phi_4 + \phi_5 - \phi_6]$$

$$\psi_{E_{13}} = \frac{1}{\sqrt{12}}[2\phi_1 + \phi_2 - \phi_3 - 2\phi_4 - \phi_5 + \phi_6]$$

$$\psi_{E_{14}} = \frac{1}{2}[\phi_2 + \phi_3 - \phi_5 - \phi_6]$$

$$\psi_{E_{25}} = \frac{1}{\sqrt{12}}[2\phi_1 - \phi_2 - \phi_3 + 2\phi_4 - \phi_5 - \phi_6]$$

$$\psi_{E_{26}}=\frac{1}{2}[\phi_2-\phi_3+\phi_5-\phi_6]$$

의 6 개의 분자궤도함수를 얻게 된다. 이와 같이 C_6 대칭군을 이용하여 얻은 결과는 D_{6h} 대칭군을 이용하여 얻은 결과와 동등함을 환기하여야 한다. 위의 식들을 P_z 전자와 관련된 극성으로 표시하면 그림 6-10과 같다.

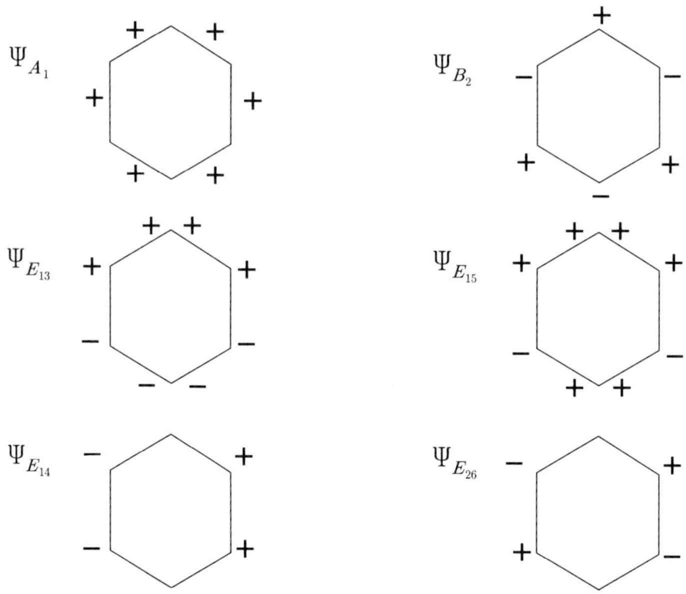

그림 6-10. 흑연의 π 결합 분자궤도함수의 구성

이제 각 최소대표요소 별로 블럭화를 한 뒤, 각각의 대표요소에 따른 불변 방정식의 행렬식을 구성하여 Hückel 의 근사치 개념으로 에너지를 구할 수 있다. 즉,

$$\mathrm{A}: \ |\psi_{A1}\psi_{A1}-E|$$

$$=\frac{1}{6}[\phi_1+\phi_2+\phi_3+\phi_4+\phi_5+\phi_6]\frac{1}{6}[\phi_1+\phi_2+\phi_3+\phi_4+\phi_5+\phi_6]-E$$

$$=\frac{1}{36}\{(6\alpha+2\beta)-E\}=0$$

가 되어 $E_{A1}=2$ 가 된다. 마찬가지 방법으로 다른 최소대표요소들에 의한 에너지를 구하면,

$$\text{B}: \quad |\psi_{B2}\psi_{B2}-E|$$

$$=\frac{1}{6}[\phi_1-\phi_2+\phi_3-\phi_4+\phi_5-\phi_6]\frac{1}{6}[\phi_1-\phi_2+\phi_3-\phi_4+\phi_5-\phi_6]-E$$

$$=\frac{1}{36}\{(6\alpha-2\beta)-E\}=0$$

가 되어 $E_{B2}=-2$ 를 얻는다. E_1 와 E_2 에 대하여

$$E_1: \begin{vmatrix} \psi_{E13}\psi_{E13}-E & \psi_{E13}\psi_{E14} \\ \psi_{14}\psi_{13} & \psi_{14}\psi_{14}-E \end{vmatrix}=0$$

$$E_2: \begin{vmatrix} \psi_{E25}\psi_{E25}-E & \psi_{25}\psi_{26} \\ \psi_{E26}\psi_{E25} & \psi_{E26}\psi_{E26}-E \end{vmatrix}=0$$

이 되어

$$E_{E13}=E_{E14}=\beta=1$$

$$E_{E25}=E_{E26}=-\beta=-1$$

를 얻게 된다. 그림 6-11 은 위에서 얻은 에너지 상태의 상대적인 위치를 나타내고 있다. $E_1=1$과 $E_2=-1$은 각각 2×2 차원이므로 2 개의 에너지 값이 되어야 한다. 따라서 비록 계산된 에너지 값은 하나이나 그림에서와 같이 두 개의 에너지 상태로 분리하여(split) 표현하여야 한다.

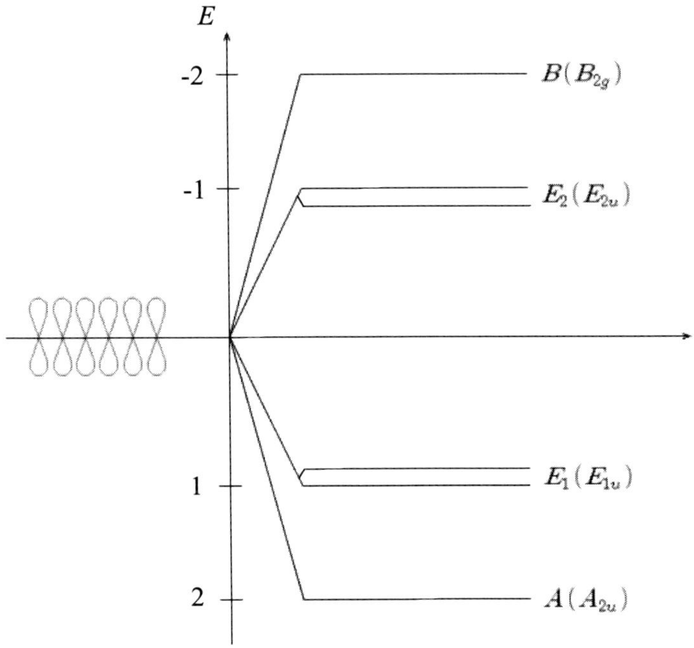

그림 6-11. C_6 흑연의 π 결합 에너지 상태

즉, 반드시 환기하여야 할 것은 에너지 계산 과정에서 근사치의 결과가 얻어졌다는 것이다. 따라서 E_{E1}은 E_{E13}과 E_{E14}로 미세하게 분리되고 E_{E2}는 E_{E25} 와 E_{E26} 로 분리되어야 한다는 것을 인정하여야 한다는 것이다. 또한 D_{6h} 대칭군을 주기성 대칭군으로 간략화하였으므로 괄호안에 D_{6h}의 최소대표요소를 표시하였다.

6.3 이차 분자궤도 에너지 계산

반도체 재료인 실리콘 단결정 내의 산소의 양은 C_{2v} 대칭군의 B_1 최소대표요소로 표현되는 진동의 적외선 흡수에 의해 분석 측정한다. 이미 언급한 바와 같이 한 개의 산소원자는 2 개의 실리콘과 지협적인 C_{2v} 대칭군을 형성하며, 순수 진동은 대칭적으로 결합손이 신축하는 경우, 결합손 사이가 대칭적으로 각 신축하는 경우, 그리고 비대칭적인 수축 등의 3 개가 있음을 이해하였다. 대칭적인 결합손 신축 및 각 신축은 모두 E, C_2, σ_v, 및 $\sigma_v{}'$에 대칭이기 때문에 최소대표요소의 특성 세트 값이 모두 $+1$ 인 A_1 임을 알 수 있었으며, 비대칭적 수축은 E 와 σ_v 에는 대칭이기 때문에 최소대표요소 세트 값이 $+1$이고 C_2 와 $\sigma_v{}'$ 에 비대칭이므로 최소대표요소 세트 값이 -1 인 B_1 임을 알 수 있었다. 즉 순수 진동의 형태는 $2A_1+B_1$형태의 최소대표요소로 표현되며, 이 중에서 B_1형태의 비대칭 진동이 그림 6-12에서와 같이 상온에서 주파수 1,106cm^{-1} 적외선에 의해 공진 흡수된다는 것이 잘 알려져 있다.

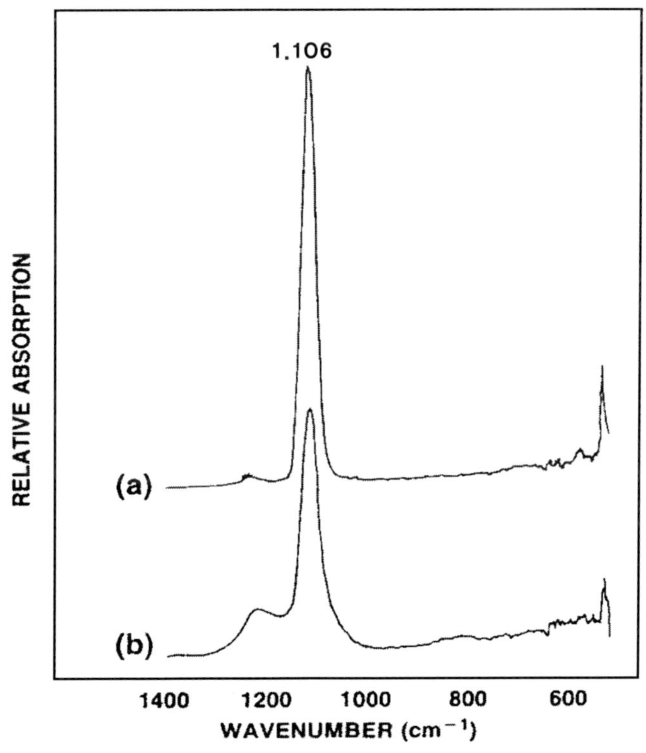

그림 6-12. 상온에서 실리콘 내의 산소의 적외선 흡수

그러나 실리콘 단결정을 상온에서 50 K 이하의 극저온으로 냉각하여 관찰하여 보면, 그림 6-13 과 같이 적외선 반응은 특이한 양상을 나타냄을 알 수 있다. 우선 온도가 내려감에 따라 1,106 cm^{-1} 위치가 높은 주파수로 이동한다는 것과, 높은 분해능 측정의 경우 1,120 cm^{-1}, 1,124 cm^{-1}, 1,128 cm^{-1}, 1,133 cm^{-1}, 1,134 cm^{-1} 및 , 1,136 cm^{-1} 등 6 개의 미세한 주파수로 분리된다는 것이다. 이와 같이 주파수가 분리되는 현상을 대칭군 이론으로 설명할 수 있다.

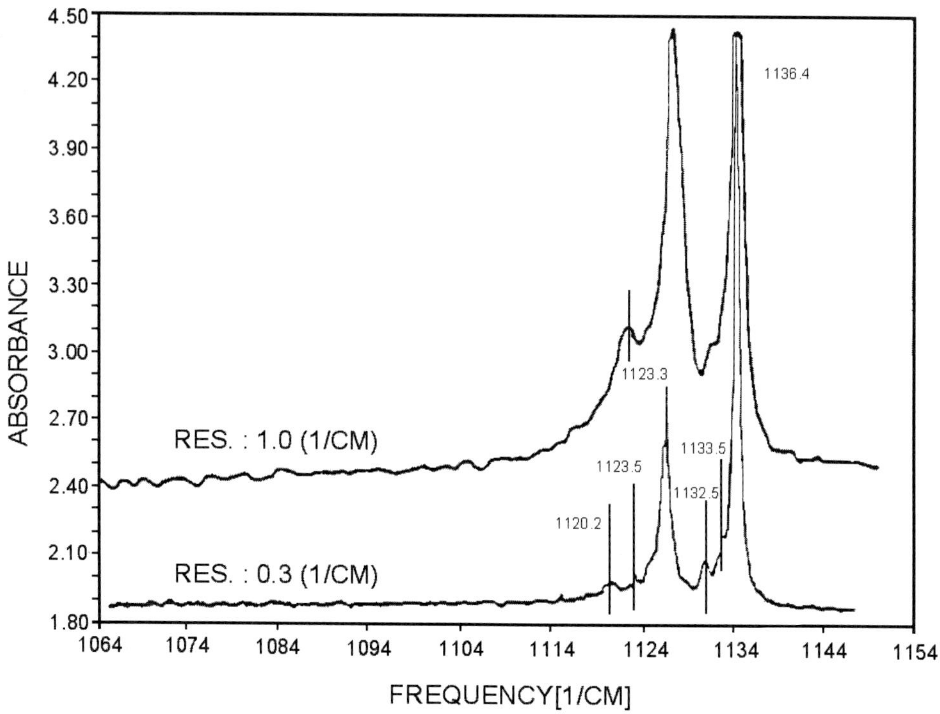

그림 6–13. 극저온에서 실리콘 내의 산소의 적외선 흡수

그림 6-14는 한 개의 산소원자와 2 개의 실리콘 원자의 지협적인 1차적인 C_{2v} 대칭군 주변의 2 차적인 6 개의 실리콘 원자 범위까지를 모델화 한 것이다. 즉 2 개의 실리콘 원자와 침입형 위치의 한 개의 산소 원자는 C_{2v}

대칭군을 이루고 있으며, 2 차적으로 6 개의 최단거리의 실리콘 원자들이 C_{2v} 대칭군을 감싸고 있음을 알 수 있다. 따라서 1,106 cm^{-1} 위치의 주파수에서 분석되는 적외선 흡수는 6 개의 실리콘 원자들에 의하여 2 차적으로 영향을 받게 된다. 따라서 상온에서 하나의 흡수로 나타나는 1,106 cm^{-1} 위치의 흡수는 6 개의 실리콘 원자에 의하여 영향을 받게 되며, 저온에서는 적외선 흡수신호의 잡음이 매우 낮아지므로 이 현상을 예민하게 측정할 수 있다.

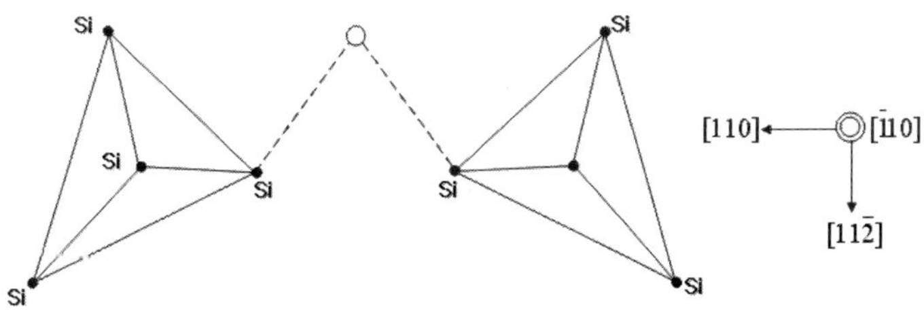

(a) $[\bar{1}10]$ 방향

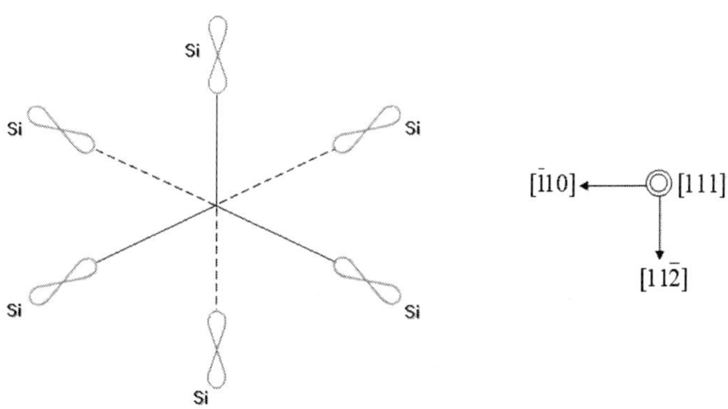

(b) [111]방향

그림 6-14. 산소원자의 C_{2v} 대칭군 주변의 2차적인 실리콘 원자 배열

6 개의 원자에 의한 영향은 그림 6-14 b) 에서와 같이 [111] 방향으로 관찰 할 때, C_6 혹은 S_6의 대칭군의 특성을 보이고 있다. 6 개 원자의 전자궤

도함수에 의하여 6 개의 분자궤도함수를 S_6 대칭군을 이용하여 구하면 다음과 같다.

$$\psi_{Ag1}=\frac{1}{\sqrt{6}}(\phi_1+\phi_2+\phi_3+\phi_4+\phi_5+\phi_6)$$

$$\psi_{Au2}=\frac{1}{\sqrt{6}}(\phi_1+\phi_2+\phi_3-\phi_4-\phi_5-\phi_6)$$

$$\psi_{Eg3}=\frac{1}{\sqrt{12}}(2\phi_1-\phi_2-\phi_3+2\phi_4-\phi_5-\phi_6)$$

$$\psi_{Eg4}=\frac{1}{2}(\phi_2-\phi_3+\phi_5-\phi_6)$$

$$\psi_{Eu5}=\frac{1}{\sqrt{12}}(2\phi_1-\phi_2-\phi_3-2\phi_4+\phi_5+\phi_6)$$

$$\psi_{Eu6}=\frac{1}{2}(\phi_2-\phi_3-\phi_5+\phi_6)$$

위의 식에 Hückel 의 근사치를 적용하여 에너지를 구하면

$$E_{Ag1}=\frac{1}{6}(6\alpha+12\beta)=2\beta$$

$$E_{Au2}=-\frac{2}{3}\beta$$

$$E_{Eg3}=E_{Eg4}=E_{Eu5}=-\beta$$

$$E_{Eu6}=\frac{5}{3}\beta$$

가 되어 이를 도식화 하면 그림 6-15 가 됨을 알 수 있다. 따라서 6 개의 분자궤도함수에 의한 6 개의 에너지 상태를 구할 수 있으며, 이를 이용하여 그림 6-13 의 현상을 설명할 수 있게 되는 것이다. 그림 6-13 의 특징은 극저온에서는 흡수 주파수가 상온의 1,106 cm^{-1} 에서 평균 1,120 cm^{-1} 이상으로 이동하였음을 알 수 있고, 6 개로 분리된 흡수 주파수 들이 다시 2 부분

으로 나뉘어 있음을 알 수 있다. 극저온에서는 실리콘 단결정의 격자상수가 감소하게 되고 따라서 진동이 증가하게 되므로 1,120 cm^{-1} 이상의 값을 갖게 된다. 비록 Hückel 의 근사치로는 계산을 할 수 없었으나, 6 개로 분리된 흡수 주파수들이 다시 2 부분으로 나뉘어 측정된 것은 C_{2v} 대칭을 이루는 Si-O-Si 구조의 앞 위에 있는 6 개의 실리콘 원자들이 영향을 주었다고 여겨진다.

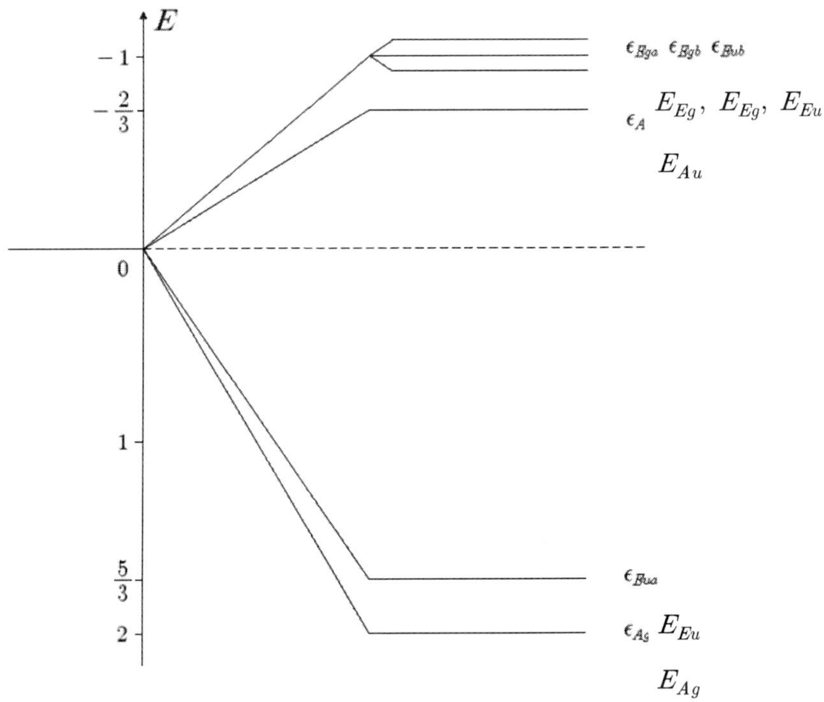

그림 6-15. C_{2v} 비대칭 진동의 이차에너지 분리

제7장
대칭군 응용(Ⅲ)

7.1 배위자 전계(Ligand Field) 이론

배위자라 함은 일반적으로 천이금속(Transition Metal)과 결합하고 있는 음의 전하를 갖고 있는 원자단을 말하며, 천이금속은 d-궤도의 전자들이 결합에 참여하는 양이온의 금속을 말한다. 원자 혹은 이온에서 임의의 궤도가 전자들로 꽉 차 있으며 결합에 참여하지 않으면 그 궤도가 '닫혀있다(Closed)'고 하고 구적(Spherically)으로 대칭적이라 한다. 따라서 천이금속에서 d-궤도보다 내부에 있어서 결합에 참여하지 않게 되는 다른 궤도들은 '닫혀있다'라고 하며 구적으로 대칭적이라고 한다. 또한 천이금속의 최외각 d-궤도는 전자들에 의해 일부(Partially) 채워져(Filled) 있고, 결합하는 배위자 및 대칭구조에 따라 지협화(Degenerate)된다. 배위자 전계 이론은 결정 전계(Crystal Field) 이론 혹은 천이금속 복합물(Complex) 등의 분자궤도함수 등과 거의 같은 의미이거나 혹은 매우 밀접한 것으로 이해되고 있다. 일반적으로 결정 전계 이론의 경우, 천이금속이 참여하고 있는 결정 구조에서는 천이금속이 자유로운 양이온 상태로 음이온과 정전기적 결합, 즉 완전 이온 결합을 하여 구성되어 있는 것으로 가정할 수 있으나, 실제는 천이금속의 d-궤도와 배위자의 궤도가 약간의 중첩이 이루어지는 것으로 이해되고 있다. 다시 말하면, 전하를 띄고 있는 자유 배위자가 결정 내에 들어오게 되면, 결정을 구성하는 양이온인 천이금속의 최외각 d-궤도 전자들은 그 결정의 대칭성에 따라 교란되며(Perturbation) 공유결합 성질을 일부 나타내게 되어, 결합 주위의 대칭성에 따라 여러 에너지 상태로 재배열되어 분리된다는 것이다. 즉, 천이금속의 특징은 배위자와 화합물을 형성할 때, K 및 L 주양자궤도 밖의 M, $N\cdots$ 등의 궤도에 있는 d-궤도를 채우는 전자들이 대칭성에 따라 재배열되며, 이런 경우 천이금속의 d-궤도는 약 80% 정도의 이온 특성과 20% 정도의 공유 특성을 나타내는 것으로 알려져 있다. 따라서 d-각에는 총 10 개의 전자 에너지 상태가 가능하나, 전자의 회전(Spin)을 고려하면 5 개의 궤도로 이루어져 있다. 이 5 개의 궤도함수는 결정 내에서 배위자와의 대칭성에 따라 서로 다른 5 개의 공유성 에너지 상태를 갖게 된다. 이와 같이 배위자가 참여하여 특정 대칭성을 갖는 이온 결합성의 재료가 구성되어도, 공유 결합의 부분이 있고 결합궤도들이 대칭성에 따라 분리된다고 하는 것을 배위자 전계 이론이라 한다.

수소 원자에서와 같이 임의의 원자에 속해 있는 하나의 전자가 갖는 에너지 혹은 궤도함수(ψ)는

$$\psi = \mathrm{R(r)}\Theta(\theta)\Phi(\phi)(\psi_s)$$

로 표현할 수 있으며, n, l, m, s 의 4가지 양자수(Quantum Number)를 이용하여 구체화 할 수 있다. 첫째항은 주양자수(Principal Quantum Number)로 원자핵으로부터의 거리에 관계가 있다. 따라서 그림 7-1에서와 같이 $n=1$ 이면 K 각(Shell), $n=2$ 이면 L 각 등의 양자수로 원자핵으로부터의 거리를 대신하여 표현한다. 두 번째 항은 l 로 표시하고 $l=n-1$로 표현되어 값이 0 으로부터 시작되며 주양자각의 각(Angular)양자수라 하며 세부각(Sub-shell)의 수를 나타낸다. 즉, $l=0$ 이면 $n=1$ 이어서 K 각을 의미하고 $l=0$ 이므로 영이라는 양자 하나의 세부각만을 갖고 있다는 것으로, K 각은 s-세부각 하나 만으로 구성되어 있다는 의미이다. 만일 $l=1$ 이면 $n=2$가되어 K 및 L 주양자 각이 있으며, K 각에는 $l=0$ 이므로 s-세부각만이 존재하고, L 각에는 $l=0$ 과 1 의 양자를 갖게 되므로 s-세부각과 p-세부각 2 개로 구성되어 있다는 것이다. 따라서 l 은 전자의 각양자수를 나타낸다고 한다. 마찬가지로 $n=3$이고 $l=2$인 경우 $l=0$의 s-세부각뿐인 K 각, $l=0$ 과 1 즉 s-세부각과 p-세부각으로 구성된 L 각, 그리고 $l=0$, 1, 및 2 인 s-세부각, p-세부각 및 d-세부각으로 구성된 M 각을 의미한다. 세 번째 항은 m 양자수로 표현하며 $m=\pm l$로 나타낸다. 즉 $l=0$ 이면 $m=0$ 이 되고, $l=1$ 이면 $m=-1,\ 0,\ +1$ 의 세 값을 갖고, $l=2$ 이면 $m,=-2,\ -1,\ 0,\ +1,\ +2$ 의 5가지 값을 갖는다. 따라서 $l=1$인 경우 $m=-1$, 0, $+1$ 은 p_x, p_y, p_z 의 p-각으로의 세분화를 의미하고, $l=2$ 인 경우 $m=-2$, -1, 0, $+1$, $+2$ 는 5 개로 세분화된 d-각을 상세히 나

타낸 것이다. 이와 같이 m은 일반적으로 주위에 자장(Magnetic Field)이 있을 때 민감하게 반응하고 분리가 되므로 자장 양자수라 한다. 마지막으로 s는 회전(Spin) 양자수라 하며 m 으로 분리된 각각의 세부각에 전자가 취할 수 있는 회전 방향을 나타내며, $-\frac{1}{2}$ 혹은 $+\frac{1}{2}$ 로 표시한다.

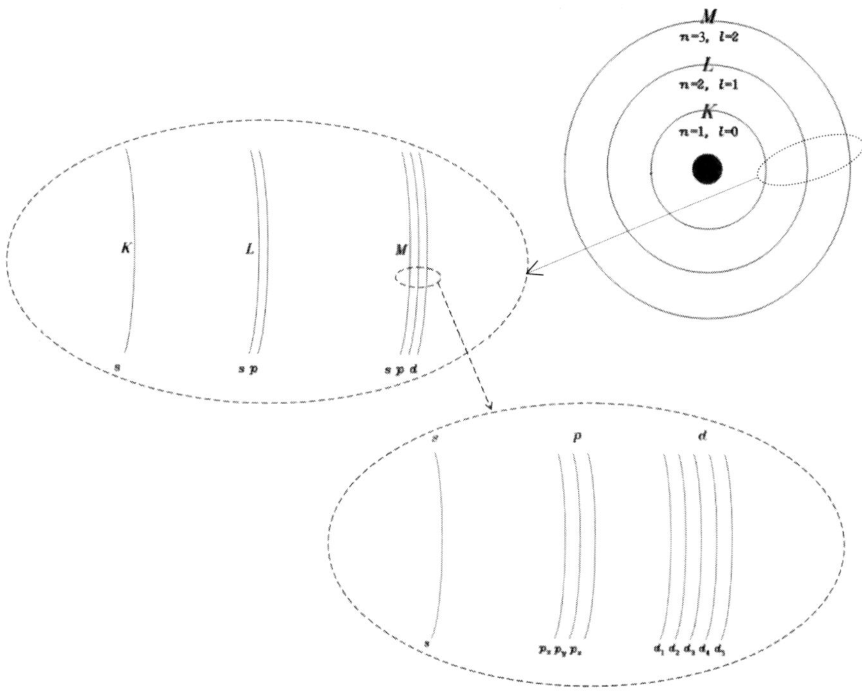

그림 7-1. 양자수에 따른 전자 궤도

이제까지는 임의의 원자 혹은 이온에 있는 한 전자의 궤도함수를 표현하는 것을 이해 하였으나, 원자 혹은 이온 내에서 궤도 일부만 채워 상호 작용을 하고 있는 여러 개의 전자들의 경우도 궤도함수로 표현할 수 있어야 한다. 즉 d-궤도 내부에 닫혀 있어 구의 대칭성을 나타내는 궤도의 전자들을 제외한, 최외각 d-궤도에 일부 채워져 있는 각각의 전자들의 상태는 서로 강한 상호 작용을 하므로, 한 전자의 경우에서와 같이 n, l, m, s 의 양자수로 표현할 수 없게 된다. 이와 같은 여러개의 최외각 d-궤도의 전자들의 상호 작용의 결과를 일반화하여 표현하기가 쉽지는 않지만 Russell-Saunders(L-S) 결합(Coupling)의 방법으로 근사치화 할 수 있다. L-S 결합에서 l의 소문자로 표현된 개별 전자의 각양자수가 아닌, 대문자로 표현되는 각양자수 L 은 따라서 결합에 참여하는 모든 전자의 상호 작용의 결과를 각양자수로 표현한 것이다. 즉 한 전자의 경우에서와 같이, 한 원자 내의 여러 d-궤도 전자들에 의하여, $L=0$ 이면 S 궤도가 있고, $L=1$ 이면 S 와 P 궤도가 있다고 근사치로 표현할 수 있다는 것이다. 예를 들어 두 다른 주양자 궤도 M 각과 N 각에 있는 2 개의 d-궤도인 3d 와 4d 궤도 전자가 서로 영향을 주고 있는 경우, d-세부궤도이므로 각각 전자의 각양자수는 $l=2$ 이고 따라서 얻을 수 있는 L 은 그림 7-2 에서와 같이 0, 1, 2, 3, 4 가 된다. 따라서 3d 와 4d 궤도에서 2 전자의 상호 작용에 의해 생성될 수 있는 상태는 S, P, D, F, G 가 되며, 좀 더 상세히 쓰면 ${}^1S_0$, ${}^1P_1$, ${}^1D_2$, ${}^1F_3$, ${}^1G_4$, ${}^3S_1$, ${}^3P_{0,1,2}$, ${}^3D_{1,2,3}$, ${}^3F_{2,3,4}$ 및 ${}^3G_{3,4,5}$의 10 개의 에너지 상태를 가질 수 있게 된다는 것이다.

한편 보다 일반적인 결합의 경우로, 한 주양자 궤도에 있는 2 개의 d-궤도 전자들의 경우에는 위 경우와 약간 다른 형태의 에너지 상태로 분리되며, ${}^1S_0$, ${}^1P_1$, ${}^1D_2$, ${}^1F_3$, ${}^1G_4$ 등의 5 개 상태의 L-S 결합 형태로 표현하여 설명할 수 있다. 위의 두 경우를 비교하여 보면, 한 주양자 궤도에서 2 개 d-궤도에 의해 형성되는 에너지 상태는 다른 두 주양자 궤도에서 2 개 d-궤도에 의해 형성되는 상태의 일부임을 알 수 있다. 또한 한 주양자 궤도에서 2 개 d-궤도의 경우, 세부궤도가 5 개이므로 5 개의 전자들이 참여하는 경우가 가장 많은 에너지 상태로 변할 수 있는 경우이며, 그 이상 전자가 9 개까지 증가하는 경우는 다시 에너지 상태가 줄어들어 1 개의 전자 에너지 상태의 경우가 된다는 것이다.

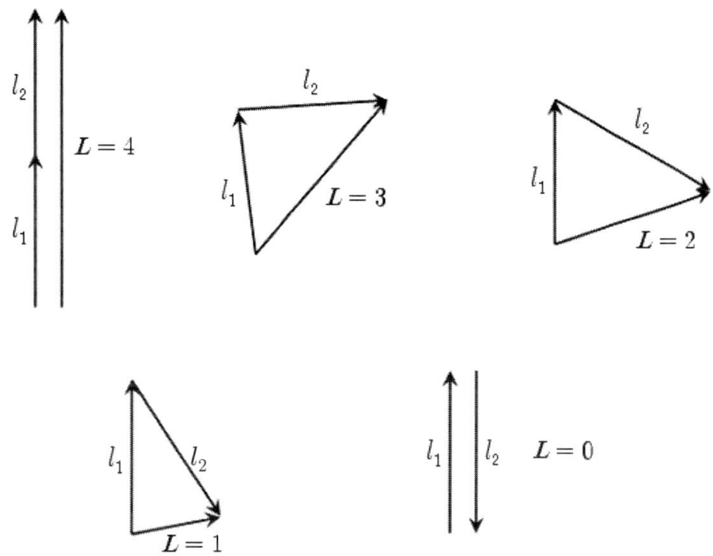

그림 7-2. 다른 누궤노 전사의 반응에 의한 각 양지수 번회

이제까지는 결정이 이루어지기 전 천이금속 내부에서의 최외각 전자들에 대한 것이었으나, 앞으로는 배위자가 있으며 특별한 대칭성을 갖고 있는 결정 내에서, d-궤도의 에너지 상태 변화를 고려하고자 한다. 앞에서 언급한 바와 같이 5 개의 세부궤도가 있는 d-궤도가 대칭성이 O_h(Octahedral)인 공간 중심에 놓여져 있는 경우를 고려하여 보자. 우선 결정의 대칭성이 O_h인 환경임에도 불구하고, d-궤도는 주대칭축에 대칭이고 O_h 대칭은 O 대칭에 역대칭 i 를 추가한 것이므로, O_h 대칭 대신 O 대칭만을 고려하여도 충분한 의미를 도출할 수 있음을 알 수 있다. 또한 앞에서 언급한 n, l, m, s 의 4 가지 양자수를 모두 고려하지 않아도 된다. 즉 n 은 원자핵으로부터의 거리를 대신하는 의미이므로 주대칭축의 대칭 시행에 영향을 받지 않는다. 또한 l 은 각양자수로 주대칭축에 대하여 일정한 각을 이루고 있다는 의미이므로 역시 주대칭축의 대칭시행에 영향을 받지 않는다. 따라서 m 자장양자수만을 대칭 시행에 고려하면 되므로 앞의 식은 다음과 같이 간단해진다.

$$\Phi(\phi)=e^{im\phi}$$

이제 d-궤도함수에 대하여 고려하므로 m 은 -2, -1, 0, $+1$, $+2$ 등의 5 개의 값을 가질 수 있다. 이를 이용하여 다음과 같이 5 개의 궤도함수를 표현할 수 있으며 또한 주대칭축에 대하여 α 각 만큼 회전대칭 후의 상태를 표현할 수 있다.

$$\begin{bmatrix} e^{2i\phi} \\ e^{i\phi} \\ e^{0} \\ e^{-i\phi} \\ e^{-2i\phi} \end{bmatrix} \xrightarrow[\text{회전}]{\alpha} \begin{bmatrix} e^{2i(\phi+\alpha)} \\ e^{i(\phi+\alpha)} \\ e^{0} \\ e^{-i(\phi+\alpha)} \\ e^{-2i(\phi+\alpha)} \end{bmatrix}$$

이와 같은 대칭 시행의 결과를 얻기 위한 변환자는 다음과 같아야 한다.

$$\begin{bmatrix} e^{2i\alpha} & 0 & 0 & 0 & 0 \\ 0 & e^{i\alpha} & 0 & 0 & 0 \\ 0 & 0 & e^{0} & 0 & 0 \\ 0 & 0 & 0 & e^{-i\alpha} & 0 \\ 0 & 0 & 0 & 0 & e^{-2ia} \end{bmatrix}$$

위의 식을 일반화한 변환자로 확대하여 표현하면 다음과 같다.

$$\begin{bmatrix} e^{li\alpha} & 0 & 0 & \cdots & 0 & 0 \\ 0 & e^{(l-1)i\alpha} & 0 & \cdots & 0 & 0 \\ \vdots & \vdots & \vdots & \vdots & \vdots & \vdots \\ 0 & 0 & \cdots & 0 & e^{(1-li\alpha)} & 0 \\ 0 & 0 & \cdots & \cdots & 0 & e^{-li\alpha} \end{bmatrix}$$

따라서 특성 $\chi_{12345}(\alpha)$ 는

$$\chi_{12345}(\alpha)=\frac{\sin(l+\frac{1}{2})\alpha}{\sin\frac{\alpha}{2}} \quad (\alpha \neq 0)$$

예를 들어 $\alpha=\pi$ 이면 C_2 대칭 시행이므로 $\chi_{12345}(C_2)=1$ 이 되며, $\chi_{12345}(C_3)=-1$ 및 $\chi_{12345}(C_4)=-1$ 이 됨을 확인 할 수 있다. 물론 $\alpha=0$ 이 되는 경우인 원대칭의 경우, 위의 특성식을 직접 적용할 수는 없으나 변환자의 각 항이 1 이되므로 $\chi_{12345}(E)=5$ 가 됨을 알 수 있다. 이와 같이 얻은 결과로 부터 특성표를 이용하여 최소대표요소를 구하면 $\Gamma_\alpha=e+t_2$ 가 되며 O_h 대칭군에 적용하면

$$\Gamma_\alpha=e_g+t_{2g}$$

에 해당하게 된다. 즉 자유로운 천이금속 원자내에 있으며 구의 대칭성을 갖고 있었던 5 개의 d-세부궤도는 O_h 대칭 환경의 배위자 영향에 의하여는 2 중으로(Doublet) 분리되는 e_g 및 3 중으로(Triplet) 분리되는 t_{2g} 궤도로 재배열된다는 것이다. 이를 다시 O_h 및 T_d 대칭 환경에 따라 도식화 하면 그림 7-3과 같다. 그림에서와 같이 자유로운 천이금속의 d-세부궤도의 에너지 상태가 배위자의 대칭 환경에 따라 재배열 되었음을 알 수 있다. 이들의 에너지 상태의 상대적인 위치나 이들 상대적인 에너지 상태들이 화학적이고 전자적인 대칭성의 환경과 어떻게 상호 반응을 하는지는 정확히 표현하기 어렵다. 그러나 대칭군 이론과 불변 방정식을 이용하여 근사적으로 상대적인 에너지를 계산할 수 있으며, 이와 같은 초보적인 수준의 결과로도 충분하고도 많은 정도의 상대적인 에너지 상태를 이해할 수 있게 된다. 중요한 점은 이제 천이금속의 d-세부궤도에 있는 1 개의 전자가 O_h 대칭 환경에 놓이면, t_{2g} 의 에너지 궤도에 놓이게 되며 Δ_O 만큼의 에너지를 흡수하면 e_g 상태로 여기될 수 있음을 보여주고 있다. 표 7-1 은 원자의 다양한 전자궤도들이 주요 배위자 대칭 환경에서 재배열되어 얻어지는 결과를 요약한 것이다.

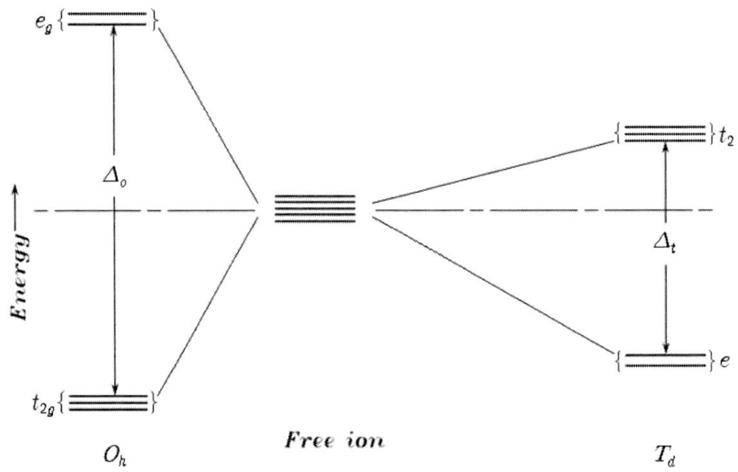

그림 7-3. 배위자의 대칭 환경 내에서 천이금속의 d-궤도 에너지의 재배열

표 7-1. 배위자 대칭환경에 따른 궤도함수의 재배열

	O_h	T_a	D_{4h}	D_3	D_{2d}
s	a_{1g}	a_1	a_{1g}	a_1	a_1
p	t_{1u}	t_2	$a_{2u}+e_u$	a_2+e	b_2+e
d	e_g+t_{2g}	$e+t_2$	$a_{1g}+b_{1g}+b_{2g}+e_g$	a_1+2e	$a_1+b_1+b_2+e$
f	$a_{2u}+t_{1u}+t_{2u}$	$a_2+t_1+t_2$	$a_{2u}+b_{1u}+b_{2u}+2e_u$	a_1+2a_2+2e	$a_1+a_2+b_2+2e$
g	$a_{1g}+e_g+t_{1g}+t_{2g}$	$a_1+e+t_1+t_2$	$2a_{1g}+a_{2g}+b_{1g}+b_{2g}+2e_g$	$2a_1+a_2+3e$	$2a_1+a_2+b_1+b_2+2e$
h	$e_u+2t_{1u}+t_{2u}$	$e+t_1+2t_2$	$a_{1u}+2a_{2u}+b_{1u}+b_{2u}+3e_u$	a_1+2a_2+4e	$a_1+a_2+b_1+2b_2+3e$
i	$a_{1g}+a_{2g}+e_g+t_{1g}+2t_{2g}$	$a_1+a_2+e+t_1+2t_2$	$2a_{1g}+a_{2g}+2b_{1g}+2b_{2g}+3e_g$	$3a_1+2a_2+4e$	$2a_1+a_2+2b_1+2b_2+3e$

만일 한 주양자 궤도의 d-세부궤도에 2 개의 전자를 갖고 있는, d^2의 이온이 O_h 대칭 환경 속에 노출되면, 대칭 환경과 배위자와의 상호 작용에 따라 다양한 에너지 상태 변화를 하게 될 것이며, 1 개의 전자의 경우에서와 연관된 결과를 도출할 것이다. 제일 극단적인 경우에는 대칭 환경과 배위자와의 관계가 거의 무시되고 2 개 전자끼리만의 강한 반응이 이루어지는 경우로써 3 가지 상태가 가능하다. 즉, t_{2g} 상태에서 2 개의 에너지를 2 개의 전자가 서로 반응하여 갖게되는 ${t_{2g}}^2$, t_{2g} 상태의 에너지를 1 개의 전자가 갖고 e_g 상태의 에너지를 또 다른 1 개의 전자가 갖게 되는 ${t_{2g}}^1 \times {e_g}^1$ 및 e_g 상태의 에너지를 2 개의 전자가 갖게 되는 경우 인 e_g^2의 3 가지중의 하나의 에너지 배열을 할 것이다. 즉 2 개의 전자가 매우 강한 상호 작용 및 영향을 주게 되면 배위자와 대칭성에 의한 영향이 거의 무시되고 전자들 만에 의한 상호 반응 에너지 상태인

$$
\begin{gathered}
{t_{2g}}^2 \\
{T_{2g}}^1 \times {e_g}^1 \\
{e_g}^2
\end{gathered}
$$

의 3 개의 에너지 상태가 존재하며 2 개의 전자들은 이 3 개의 에너지 상태의 임의의 에너지에 놓이게 된다.

그러나 이러한 극단적인 반응은 d-세부궤도 전자와 배위자의 상호 대칭성의 영향으로 약간 완화(Relax)될 수 있으며, 2 개의 전자가 배위자의 대칭성의 영향 정도에 따라 약간의 에너지 상태 변화가 나타나기 시작한다. 또한, 이와 같은 반응은 연속적이며 상호 연관되어 있으므로 반응의 과정은 각각 ${t_{2g}}^1 \times {t_{2g}}^1$, ${t_{2g}}^1 \times {e_g}^1$ 혹은 ${e_g}^1 \times {e_g}^1$로 표현된다. 이 때 ${t_{2g}}^1 \times {t_{2g}}^1$ 반응의 결과는 배위자의 O_h 대칭 환경에 의해 (3×3) 차원의 다양한 에너지 분리의 가능성을 나타내어 그 결과는 $A_{1g} + E_{1g} + T_{1g} + T_{2g}$의 9 개의 에너지 분리로 정리될 수 있다. 마찬가지로 ${t_{2g}}^1 \times {e_g}^1$ 및 ${e_g}^1 \times {e_g}^1$ 에 대해서도 각각 (3×2) 및 (2×2) 개의 에너지 분리가 일어나는 결과를 다음과 같이 얻을 수 있다.

$$t_{2g}^{\ 2} \quad \cdots\cdots t_{2g}^{\ 1} \times t_{2g}^{\ 1} \cdots\cdots A_{1g} + E_g + T_{1g} + T_{2g}$$

$$t_{2g}^{\ 1} \times e_g^{\ 1} \cdots\cdots t_{2g}^{\ 1} \times e_g^{\ 1} \ \cdots\cdots T_{1g} + T_{2g}$$

$$e_g^{\ 2} \quad \cdots\cdots e_g^{\ 1} \times e_g^{\ 1} \ \cdots\cdots A_{1g} + A_{2g} + E_g$$

또한 이미 앞에서 정리한 바와 같이, 하나의 주양자 궤도에 있는 2 개의 d-세부궤도 전자는, 상호 작용에 의해 ${}^1S_0$, ${}^3P_{0,1,2}$, ${}^1D_2$, ${}^3F_{2,3,4}$, ${}^1G_4$ 등의 5 개의 상태가 되는 것을 알 수 있었으며, 배위자와 매우 미약한 상호 작용을 하는 O_h 대칭 환경에서는 그림 7-4 와 같이 재배열한다. 따라서 2 개의 극단적인 반응들과 배위자에 의해 완화된 2 가지의 중간 반응들을 그림 7-5 에서와 같이 연속적으로 나타낼 수 있다.

FREE-	LIGAND POINT GROUPS					
ION	O_h		T_d		D_{4h}	
${}^1S$	${}^1A_{1g}$		${}^1A_1$		${}^1A_{1g}$	
${}^1G$	${}^1A_{1g}$	${}^1T_{2g}$	${}^1A_1$	${}^1T_2$	$2{}^1A_{1g}$	${}^1B_{2g}$
	${}^1E_g$		${}^1E$		${}^1A_{2g}$	$2{}^1E_g$
	${}^1T_{1g}$		${}^1T_1$		${}^1B_{1g}$	
${}^3P$	${}^3T_{1g}$		${}^3T_1$		${}^3A_{2g}$	
					${}^3E_g$	
${}^1D$	${}^1E_g$		${}^1E$		${}^1A_{1g}$	${}^1E_g$
	${}^1T_{2g}$		${}^1T_2$		${}^1B_{1g}$	
					${}^1B_{2g}$	
${}^3F$	${}^3A_{2u}$		${}^3A_2$		${}^3A_{2g}$	$2{}^3E_g$
	${}^3T_{1g}$		${}^3T_1$		${}^3B_{1g}$	
	${}^3T_{2g}$		${}^3T_2$		${}^3B_{2g}$	

그림 7-4. 약한 대칭 환경에서 2 개의 d-궤도 전자의 $L-S$ 결합 궤도의 상태 변화

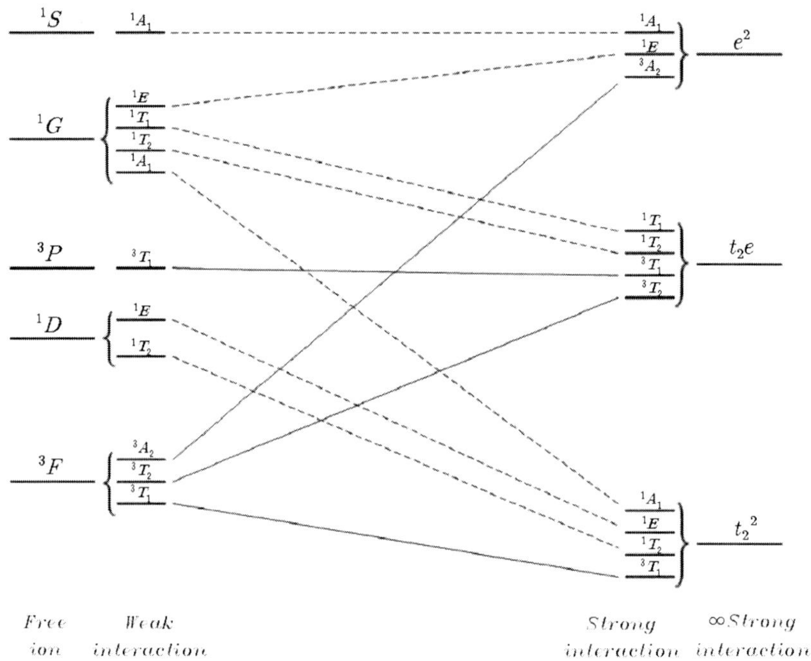

그림 7-5. 한 주양자 궤도의 2 개의 d-궤도 전자의 O_h 대칭 환경에서 완화 재배열

그림 7-6은 또 다른 대칭 환경인 T_d(Tetrahedral) 대칭에서, d^2 이온이 자유 이온 상태로부터 배위자가 있는 결정의 T_d 대칭 환경에 따라 상태가 변화해 가는 과정을 나타내고 있다. 그림 7-5 와 7-6 으로부터 2 가지 사실을 이해할 수 있다. 첫째, 약하거나 강한 상호 작용의 경우에라도 반드시 일대일 상태의 상호 관계가 있다는 것이다. 즉, 대칭성을 유지하고 있으므로 반응의 강약에 관계없이 새로운 에너지 상태가 발생하거나 소멸하지 않는다는 것이다. 둘째, 같은 회전 양자수를 갖고 있는 최소대표요소들은 서로 교차하지 않는다는 것이다. 즉 그림 7-6에서 $^3F_{2,3,4}$ 와 $^3P_{0,1,2}$로 시작되어 약한 상호작용을 한 경우인 $^3T_1$끼리 혹은 $^1D_2$ 와 $^1G_4$ 로 시작하여 형성된 ^1E끼리는 서로 교차하지 않는다는 것이다.

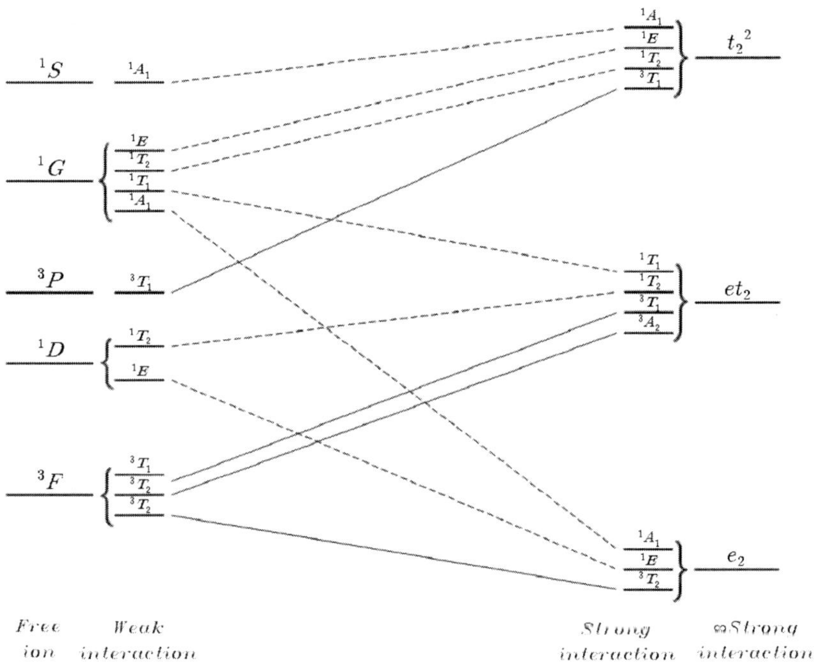

그림 7-6. 한 주양자 궤도의 2 개의 d-궤도 전자의 T_d 대칭 환경에서 완화 재배열

7.2 재료공학과 대칭군

재료공학에서 d-궤도는 재료들의 다양한 특성을 표현하는 중요한 의미를 갖는 변수로써, 대칭 환경 내에서 매우 복잡한 상호 반응을 한다. 일반적으로 원소들에서 d-궤도가 처음 나타나게 되는 원소는 천이금속(Transition Metal)이라 하며 주기율표에서 칼슘(Ca) 원소 다음의 스캔디움(Sc) 원소부터이다. 이 때 각 양자궤도에 전자들이 채워지는 순서에 따라 주 양자궤도가 변화하는 것을 Hunt 의 법칙이라 한다. 즉, 다음 그림에서와 같이 원자번호가 증가함에 따라 L 각에 전자들이 채워진 뒤, 당연히 $n=3$ 즉, M 각에 전자들이 채워지기 시작한다. 아르곤(Ar) 원소의 경우 M 각의

$3p$-궤도에 6 개의 전자가 완전히 채워진 뒤, 원자번호가 계속 증가하면, M 각의 $3d$-궤도의 전자가 채워지기 시작하여야 한다. 그러나 화살표로 표시한 바와 같이 칼륨(K) 원소의 N 각의 $4s$-궤도에 1 개 전자가 채워지기 시작하여 칼슘 원소의 $4s$-궤도에 전자가 2 개 채워진 다음에 스캔디움의 $3d$-궤도에 전자가 채워지기 시작한다. 이 후 스캔디움을 포함하여 타이타늄(Ti), 바나듐(V), 크롬(Cr), 망간(Mn), 철(Fe), 코발트(Co), 니켈(Ni), 구리(Cu), 및 아연(Zn) 등의 10 개의 대표적인 천이금속의 $3d$-궤도를 전자들이 채워 나가게 된다. 천이금속은 이와 같이 독특한 환경에서 최외각 전자 궤도를 형성하게 되며, K각으로부터 $3d$-궤도 안에 있다고 할 수 있는 $4s^2$-궤도까지는 재료의 대칭구조를 이루는 결합과 연관이 없으며 대칭적으로 완전대칭을 이루고 있다. 10 개의 천이금속은 따라서 독특한 특성들을 보이고 다양한 결정구조를 이루며, 특히 배위자와의 화합물 및 산화물 등을 형성할 때 표 7-1에서와 같이 매우 복잡하고 다양한 대칭성을 보이게 된다. 또한 d-궤도는 단일(Singlet), 이중(Doublet), 및 삼중(Triplet) 등의 미세한 에너지상태로 분리된다. 일반적으로 5 개 d-궤도 사이의 에너지 차이는 20-40 eV 정도이며, 대칭성에 의하여 분리가 되면 1-3 eV 정도의 에너지 변화를 보이는 것으로 알려져 있다.

K 각	$1s^2$
L 각	$2s^2$ $2p^6$
M 각	$3s^2$ $3p^6$ $3d^{10}$
N 각	$4s^2$ $4p^6$ $4d^{10}$ $4f^{14}$

타이타늄은 전자기적으로 매우 중요한 원소로써, 대표적인 화합물은 D_{4h} 대칭 구조의 TiO_2이다. 이 때 Ti 는 D_{2d} 대칭 구조를 갖고 있고, O는 C_{2v} 대칭 구조를 갖고 있는 것으로 알려져 있다. 따라서 TiO_2의 대칭성을 검토할 때, 대칭성을 블럭화하여

$$\Gamma_{TiO_2} = \Gamma_{Ti} + T_O$$

로 분리하여 계산할 수 있다.

재료공학에서 특히 흥미로운 분야는 원자의 확산(Diffusion), 발광다이오드의 재료인 반도체 초격자(Superlattice), 재료의 표면, 불규칙(Disordered) 격자, 점결함(Point Defect) 등이 대표적이라 할 수 있다. 이들 현상은 원자 수준의 매우 작은 전자기적 변화를 통하여 괄목할 만한 재료의 물리적 성질 변화를 초래하므로 재료의 공업적인 응용에 매우 중요한 관점이라 할 수 있다. 확산의 경우, 확산하는 원자가 침입형의 위치에 이동하였을 때 가장 대칭성이 높은 위치에 놓이게 된다. 따라서 원자의 확산은 가장 확산에너지가 작고 대칭성이 높은 통로를 통하여 이루어진다고 할 수 있다. 예를 들어 다이아몬드 구조의 입방체에서 <111> 방향으로의 확산이 가장 이동 경로가 쉽다고 할 수 있다. 그림 7-7는 실리콘 단위결정에서 <111> 방향으로의 주요 위치를 나타내고 있다. a 로 표시된 곳은 000, 및 $\frac{1}{4}\frac{1}{4}\frac{1}{4}$로 원자들이 T_d(혹은 $43m$) 대칭성을 갖고 있는 위치들이고, c 로 표시된 곳도 $\frac{1}{2}\frac{1}{2}\frac{1}{2}$ 및 $\frac{3}{4}\frac{3}{4}\frac{3}{4}$ 으로 역시 T_d(혹은 $43m$) 대칭성의 위치이다. 원자들이 <111> 대각선 방향으로 확산할 때의 에너지 변화는 그림 7-8과 같이 나타낼 수 있다. 한편 $\frac{1}{8}\frac{1}{8}\frac{1}{8}$ 위치의 두 실리콘 원자 사이는 결합의 중심(BC)으로 $3m$ 의 대칭성이 있으며 동시에 역대칭 중심이기도 하다. 한편 $\frac{5}{8}\frac{5}{8}\frac{5}{8}$ 의 d 위치는 역시 $3m(D_{3d})$ 대칭성을 갖고 역대칭의 중심이기도 하다. 따라서 이러한 <111> 확산 경로는 공통적으로 적어도 $3m(C_{3v})$ 의 대칭성을 갖고 있다. 이러한 경로를 따라 확산에 대한 이론적인 계산은 주위의 $3m(D_{3d})$ 대칭성을 갖고 있는 실리콘 원자들의 완화(Relax) 현상에 기반을 두고 있다. 그러나 이와 같은 완화 현상은 구심적으로 일어나므로 대칭성을 손상시킨다 할 수 없어 이를 대칭성의 유지 완화라 한다.

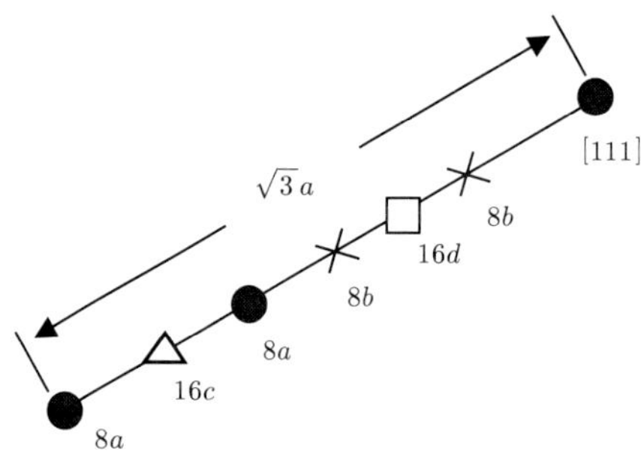

그림 7-7. 실리콘 결정에서의 [111] 확산 경로

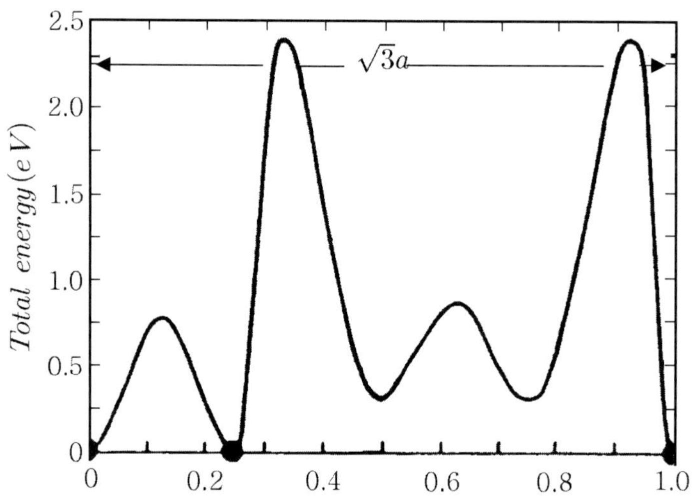

그림 7-8. 실리콘 ⟨111⟩ 방향으로의 확산에너지

대표적인 고체전해질 재료인 AgI 및 CuI 등과 같이 빠른 전도성 이온을 함유하고 있어 액체전해질에서와 거의 같은 수준의 전도성을 갖고 있는 결정구조의 경우, 원자 위치의 대칭성은 매우 중요하다. 대표적인 AgI 은 상온에서 Wurtzite 결정구조를 갖는다. 상온에서부터 147°C 까지는 일반 이온결합 재료 정도의 전도성을 갖고 있으나, 147°C 이상에서는 α-AgI 의 결정 구조가 되며 전도성이 10^4 정도 증가한다. 147°C 이상의 고온에서

AgI 는 $Im3m$(혹은 O_h^9) 의 대칭군으로, I 는 000 및 $\frac{1}{2}\frac{1}{2}\frac{1}{2}$의 위치에 놓이고 단위결정 안에 있는 2 개의 Ag 는 42 개의 침입형 위치의 임의 위치에 놓일 수 있다. 이 위치들은 Ag 원자가 확산하는데 낮은 에너지가 필요한 곳으로 빠른 이온에 의한 전도성 증가의 원인이 되는 것으로 알려져 있다. 그러나 최근 X-선 회절을 이용하여 분석한 결과, Ag 원자는 D_{2d} 위치에만 있다는 것을 알 수 있었으며, 따라서 확산할 수 있는 많은 위치들이 존재하여 쉽게 확산이 이루어진다는 것이다. D_{2d} 위치는 사면체의 중심에 해당하는 곳으로 상온의 Wurtzite 에서의 Ag 의 위치와 동일한 곳으로 확인 되었으며, 고온에서는 Ag 의 확산이 쉬워 전도성은 증가하나 또한 Ag 는 상온의 위치를 유지하려 한다는 것을 알 수 있었다. 이와 유사하게 Cu_3Au 와 같은 규칙/불규칙 상변태를 하는 재료의 경우도 변태 온도 상하에서 갑작스러운 $Fm3m(O_h^5)$대칭성의 와해를 보이는 대표적인 예이다.

점결함도 재료 안에서 대칭성의 영향을 받는다. 일반적으로 점결함은 전자스핀공진(ESR, Electron Spin Resonance) 분석법으로 관찰이 가능하다. 특히 3d-궤도 전자들이 관여하고 있는 천이금속과 관련된 점결함을 분석하기에 용이하다. $MgAl_2O_4$ 과 같은 Spinel 구조의 결정구조에서 Fe 를 첨가할 때 점결함이 생성된다. Mg 는 $43m(T_d)$, Al 는 $3m(D_{3d})$, O 는 $3m(C_{3v})$ 에 위치한다. 즉, Mg 는 O 원자가 사면체의 대칭성을 이루며 감싸고 있고, 동시에 Al 은 6 개의 O 원자에 의해 비틀린 팔면체 형태로 감싸여 있다. 한편 이 Spinel 구조의 변형인 $MgFe_2O_4$ 과 같은 경우에는 하나의 Fe 는 $43m(T_d)$ 그리고 다른 하나의 Fe 와 Mg 는 $3m(D_{3d})$ 자리에 위치하게 된다. 이 같은 구조를 역(Inverted) Spinel 구조라 하며, Fe 와 같은 금속 이온의 첨가량에 따라 Spinel 로부터 역 Spinel 사이의 대칭성의 변화를 보이게 된다. 한편 $Pb(ZrTi)O_3$ 와 같은 ABO_3 구조인 PZT 재료에서 A 는 000 그리고 B 는 $\frac{1}{2}\frac{1}{2}\frac{1}{2}$ 위치에 놓인다. PZT 에 La 를 첨가한 $PLZT$ 재료에서 Pb 는 +2가 이고 La 는 +3가 이므로 V^- 가 생성된다. 이때 V 는 $(PbLaV)(ZrTi)O_3$가 되어 A 위치에 놓일 수도 있고 $(PbLa)(ZrTiV)O_3$가 되어 B 위치에 놓일 수 있기도 하여, 점결함의 대칭성 위치 변화에 의한 성질의 변화가 있게 된다. 일반적으로 대부분의 V 는 A 위치에 놓이고 일부가 B 위치에 놓이게 된다. 따라서 $PLZT$ 의 성질의 변화는 V 양의 변화와 연관하여 이해하여야 한다.

재료의 표면은 2차원의 대칭성을 이루므로 3차원의 일반적인 대칭성과 구별하여 다룰 필요가 있다. 재료 내부에 있던 원자들이 표면으로 노출되면 원자들의 완화(Relaxation)와 재구성(Reconstruction)의 현상이 일어난다. 완화 현상은 표면 원자들이 표면 원자들의 밑에 있는 원자들과 같은 결정구조를 유지하나 원자간 거리가 약간 재조정되는 비교적 작은 변화를 하여 대칭성이 유지되는 현상으로, 일반적으로 금속 표면의 원자들은 내부 원자들에 비하여 압축력을 갖게 된다. 한편 재구성 현상은 표면 원자들의 거리 조정이 비교적 크게 이루어져서 표면 원자들은 밑에 있는 원자 배열과 완전히 다른 대칭성을 이루게 되는 현상을 말하며, 대칭군 이론으로 다룰 수 있는 현상이라 할 수 있다. 이 같은 재구성 현상은 표면 원자 밑의 원자들과는 서로 연관성과 결합을 하고 있으나 위의 원자들이 존재하지 않으므로 해서 발생한다. 재구성의 경우 재구성의 결과에 따라 (2×1), (2×2), (3×3) … 등으로 표현한다. 재료 내부에 있던 원자들이 표면에 노출되었을 때, 내부에서 유지하고 있던 원자 간의 거리가 x 방향 및 y 방향으로 각각 2 배의 크기로 재구성된 것을 (2×2) 으로 재구성되었다고 한다. 실리콘 결정 (100) 표면의 경우 재구성이 일어나는 현상을 대칭성 변화에 연결하여 이해할 수 있다. 그림 7-9는 [100] 방향을 z 축으로 하여 실리콘 (100) 면을 관찰한 것이다. 원자들을 원으로 나타내었으며, 제일 큰 원은 표면에, 중간 크기의 원은 표면으로부터 $\frac{1}{4}\alpha$ 깊이에, 제일 작은 원은 $\frac{1}{2}$ 깊이에 있는 원자들을 나타낸다. 첫 번째 가능한 재배열의 가능성은 다이머(Dimer) 모델로, 표면의 원자들이 서로 위치를 완화하여 가까이 접근하여 (2×1) 의 재구성을 한다는 것이다. 두 번째 모델은 완화의 방법으로 표면의 원자들이 빠져나가서 공공(Vacancy)이 형성되어 $\frac{1}{2}\alpha$ 깊이에 있는 원자들이 노출되어 (2×1) 의 재구성을 한다는 것이다. 그러나 재료 표면을 분석할 수 있는 대표적인 LEED(Low Energy Electron Diffraction) 기법으로 분석한 결과, 실제 재구성의 형태는 위의 2 가지 모델의 중간 형태인 굽은(Buckled) 다이머 형태로 확인되었다. 재구성 전의 표면원자들이 면상에서 이루는 대칭성뿐만 아니라 재구성된 다이머 및 공공 모델의 재구성 원자들의 대칭성은 $p2mm$ 인데 반하여, 실제 굽은 다이머 형태의 재구성의 대칭성은 표면 두 원자의 높이 차이에 의해 pm 으로 밝혀졌다.

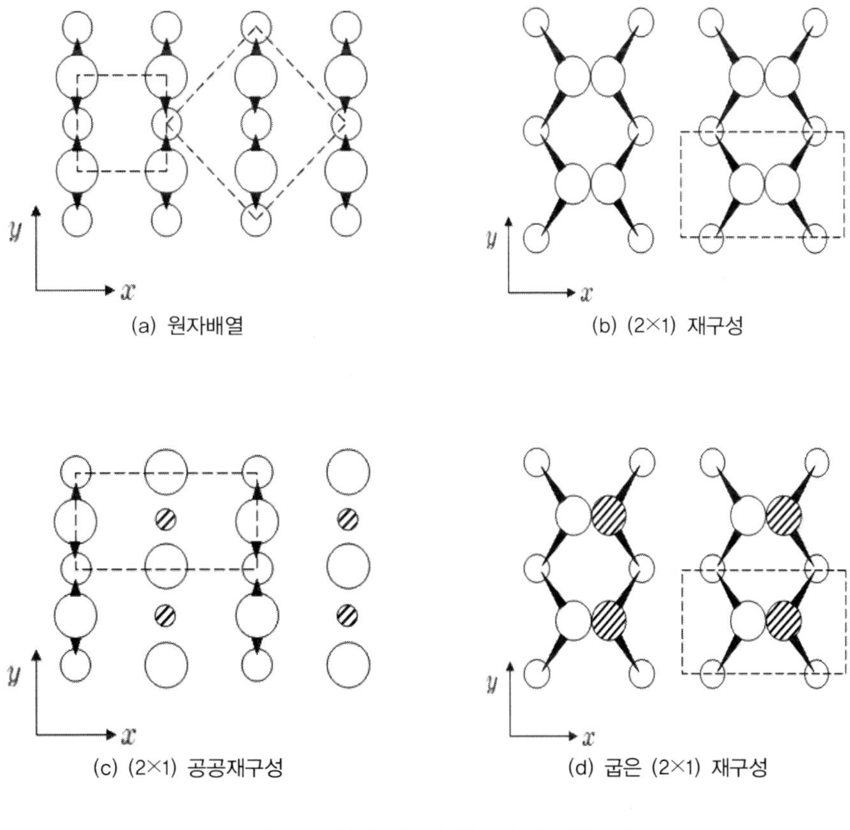

그림 7-9. 실리콘 (100) 원자의 재구성 모델

7.3 적외선 분석기술

적외선은 약 1 ~ 10 um 내외의 파장을 갖고 있어 에너지가 0.1 - 1.0 eV 정도의 가시광선 범위를 벗어난 전자파이다. 따라서 적외선 파장은 주로 분자들의 진동에너지에 해당하는 주파수의 영역으로, 재료내를 통과할 때 분자 진동과 공진에 의하여 흡수 스펙트럼 형태로 측정하게 된다. 적외선 측정은 공간적인 구조물의 형태 및 성분의 분포를 알 수 있고, 비파괴적으로 빠른 분석이 가능하며, 기체, 액체 및 고체의 어느 형태도 분석이 가능하다. 적외선으로 분석 가능한 예들은 결정구조, 분자반응, 단백질 구조, 고분자화, 오염도, 확산 등의 현상 등으로 그 밖에도 분석 응용의 범위가 매우 다양하다. 최근에는 적외선 현미경이 개발되어 영상화된 정보를 수집할 수도 있다. 적외선은 재료를 투과하는 정도가 비교적 크기 때문에 흡수 정도가 적게 다양한 재료의 내부를 진행한다. 재료를 통과하는 과정에서 적외선 파장에 해당하는 분자의 진동과의 공진에 의해 흡수되므로 분자의 구조, 대칭 및 결정성을 이해할 수 있다. 전자파가 재료에 입사되어 산란될 때, 입사에너지와 산란에너지가 같으면 탄성(Elastic) 산란이라 하며, 같지 않으면 비탄성(Inelastic) 산란이라 한다. 그러나 분자 진동에 의한 적외선의 흡수는 입사에너지가 완전히 흡수되어 진동운동으로 전환되는 것이므로 완전한 비탄성 산란이라 할 수 있다.

재료를 구성하고 있는 원자들은 그림 5-1에서와 같이 상호의 평균거리에서 진동을 한다. 이 때 진동 주파수는 주로 진동에 참여하는 원자들의 무게, 결합력에 의하여 결정된다. 이와 같은 조건 때문에 필연적으로 분자들은 적외선이 흡수될 수 있는 범위의 진동 주파수를 갖고 있다. 또한 적외선은 전자파이므로, 분석하고자 하는 재료의 진동 형태가 극성이 있는 쌍극진동(Dipole Momentum)을 하여야 상호 반응에 의하여 흡수가 일어난다. 즉 산소 혹은 질소분자 등과 같이 쌍극성이 없는 재료는 적외선으로 분석을 할 수 없다. 또한 그림 7-10의 CO_2 분자에서와 같이, 쌍극성이 있는 경우라도 쌍극성의 변화가 대칭이면 적외선의 흡수가 일어나지 않고, 파수 2,349 cm^{-1}인 특별한 방향의 대칭 진동 혹은 파수 667 cm^{-1}인 쌍극성의 변화가 있는 비대칭 진동의 경우에만 흡수가 일어난다. 따라서 적외선은 비대칭 진동에 민감하다고 알려져 있다.

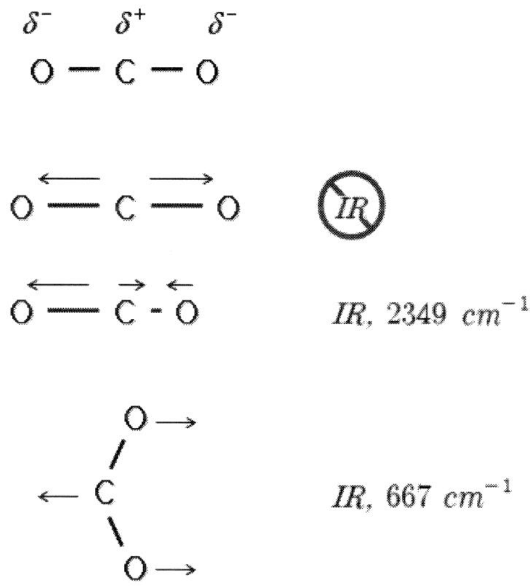

그림 7-10. 이산화탄소의 적외선분석

적외선 분석 기법은 적외선에 대한 재료의 반응에 따라 투과 혹은 반사 기법으로 분류되며, 반사 기법은 입사각에 따라 몇 가지로 세분화되어 있다. 투과 기법의 특징은 신호대비 잡음비가 크고, 장치가 간단하고, 다양한 재료를 분석할 수 있으나, 두께에 따른 분석의 오류, 시편준비, 고체분말 크기에 따른 오차, 액체 시편의 용매에 의한 흡수 등의 단점을 갖고 있다. 반면에 반사 기법은 비파괴적이고, 시편과의 접촉이 없고, 모습 그대로의 시편을 분석할 수 있는 장점이 있으나, 신호 대 잡음비가 작다는 단점이 있다. 그러나 반사 기법은 재료의 표면 혹은 표면 근처만의 적외선 흡수 현상을 이용하여 분자층 정도의 나노 분석을 할 수 있는 매우 강력한 특징을 갖고 있다. 또한 표면 분자들의 쌍극진동을 분석하기 위하여, 그림 7-11에서와 같이 입사되는 적외선의 극성을 조절함으로써 재료 표면, 특히 금속재료와 같은 도체 표면의 특성을 분석할 수 있다. 전자파인 적외선을 적절한 간격의 선모양으로 금속막을 입힌 KrF 단결정 투명판에 통과시키면, 재료 표면에 평행한 방향의 S-극성화 혹은 수직인 방향의 P-극성화가 일어난다. P-극성화의 경우는 적외선을 보통 60-85° 정도로 입사시켜 얻을 수 있다.

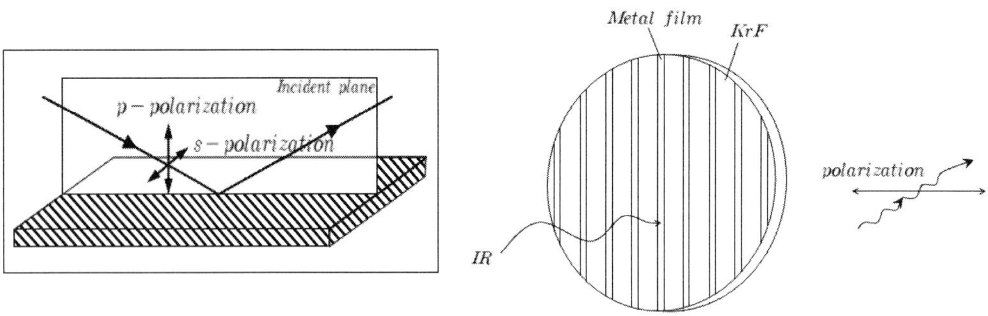

a) 입사적외선 b) 적외선의 극성화

그림 7-11. 입사되는 적외선의 극성

특히 금속과 같은 도체의 경우에는 표면에 있는 분자의 극성에 의하여 도체 표면에 유도 극성(Induced Image Dipole)이 형성된다. 그림 7-12 은 S-극성화 혹은 P-극성화된 표면 분자에 의하여 금속표면에 유도된 쌍극자를 나타내고 있다. 그림 a) 에서와 같이 S-극성화된 분자는 극성이 반대인 쌍극자를 유도하므로 결국 서로 상쇄되어 표면이 극성을 잃게 된다. 이 때 S-극성화된 적외선을 표면에 입사시키면 적외선 흡수가 일어나지 않아 표면을 분석할 수 없게 된다. 반면에 P-극성화된 분자에 의해 유도되는 쌍극자는 극성을 2 배로 증강시켜 적외선의 흡수를 강하게 유도한다. 이와 같은 현상을 이용하면 금속도체 표면에 흡착되어 있는 극성 재료를 매우 효율적으로 분석할 수 있으나, 부도체에서는 유도 극성화 현상이 표면에서 발생하지 못하므로 적외선을 이용하여 표면에 흡착된 극성 재료를 분석할 수 없으며, 반도체의 경우에는 도핑에 따른 저항의 정도에 따라 일부 가능할 수 있다.

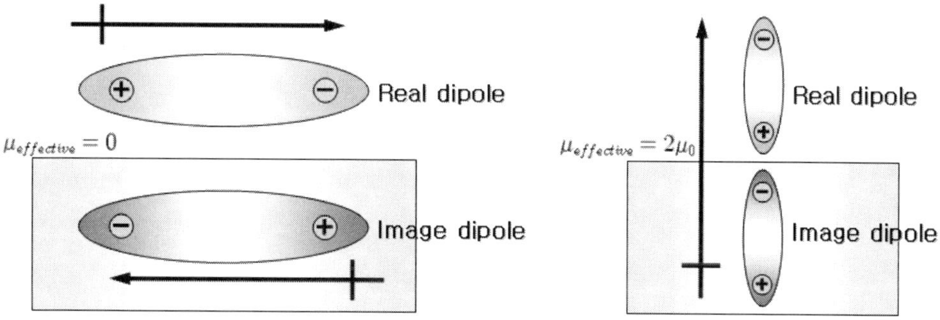

a) S-극성화 b) P-극성화

그림 7-12. 금속표면에서의 극성 재료에 의한 유도 쌍극자

적외선을 분석하기 위해서는 흡수된 강도, 주파수 등이 중요한 변수이다. 특히 흡수되는 주파수는 대칭군의 관점에서 중요한 의미를 갖고 있다. 일반적으로 표 7-2에서와 같이 탄소의 결합력이 클수록 흡수되는 적외선의 주파수가 증가하고, 탄소에 결합하고 있는 원자의 무게가 클수록 적외선 흡수 주파수가 작아짐을 알 수 있다. 적외선을 이용한 분석은 대칭군 이론을 이용하여 수행할 수 있는 대표적인 기법으로, 이미 많은 데이터와 완숙한 장비 기술이 확보되어 있어 재료 이해에 큰 기여를 하고 있다.

표 7-2. 적외선 흡수 주파수의 변화

$C\equiv C$	$C=C$	$C-C$
2150cm^{-1}	1650cm^{-1}	1200cm^{-1}

$C-H$	$C-C$	$C-O$	$C-C\ell$	$C-Br$	$C-I$
3000cm^{-1}	1200cm^{-1}	1100cm^{-1}	750cm^{-1}	600cm^{-1}	500cm^{-1}

용어해설

대칭군 재료공학에서 재료 내의 원자들의 배열에 따른 기계적인 대칭성은 기계적인 성질 뿐 만 아니라 전자기적인 성질을 나타낸다. 이 배열에 관여하는 중심 물질은 그 원자들의 최외각 전자들이며, 관여 형식에 따라 공유결합, 이온결합 그리고 금속결합 등으로 대별된다. 관심 재료의 모든 대칭요소를 분석하고 분류하여 설명하는 대칭군 이론은 재료 내의 전자기적인 여러 형태의 현상을, 재료를 구성하고 있는 원자들의 기계적인 대칭성을 이용하여 이해하고 예측하고자 하는 학문이라 할 수 있다.

대칭성 블럭화(Symmetry Factoring) 큰 차원의 행렬식은 복잡한 계산을 하여야 하나, 다행스럽게도 대칭성을 고려한 분자들에 대한 문제를 다룰 때에는 행렬식의 블럭화가 가능하다는 것이다. 즉, 같은 최소대표요소에 해당하는 분자궤도함수들은 모두 물리적으로 같은 대칭적인 특징을 나타내므로 같은 종류의 해법을 갖는다. 따라서 큰 차원의 모든 해법을 동시에 구할 필요가 없이, 같은 최소대표요소들에 대해서만 저차원의 해답을 구하면 되는 것을 대칭성 블럭화(Symmetry Factoring) 라 한다.

배위자(Ligand) 배위자라 함은 일반적으로 천이금속(Transition Metal)과 결합하고 있는 음의 전하를 갖고 있는 원자단을 말한다.

배위자전계이론(Ligand Field Theory) 결정에서 천이금속의 d-궤도와 배위자의 음전하 궤도가 약간의 중첩이 이루어져, 배위자와 양이온인 천이금속의 최외각 d-궤도 전자들은 그 결정의 대칭성에 따라 교란되며 (Perturbation) 이온결합 뿐 만아니라 공유결합 성질을 일부 나타내게 되어, 결합 주위의 대칭성에 따라 여러 에너지 상태로 재배열되어 분리된다. 이와 같이 배위자가 참여하여 특정 대칭성을 갖는 결정이 구성될 때, 천이금속의 d-궤도 일부가 공유 결합의 성질을 갖고 대칭성에 따라 에너지 상태가 분리된다고 하는 것을 배위자 전계 이론이라 한다.

SALC(Symmetry Adapted Linear Combination) 대칭성은 대칭 결합에 직접 참여한 원자들의 s, p, d 전자궤도 등에 의한 결합에서뿐만 아니라, 층상결합인 π 결합과 같은 간접적인 결합에서도 적용된다. 이때 결합의 전자기적인 특징은 이 결합에 참여하고 있는 원자들의 최외각전자들과 관련이 있으며, 따라서 결합의 결과는 대칭성(Symmetry)을 이용하여(Adapted) 각각의 최외각전자들의 참여정도를 선형적(Linear)으로 합한(Combined) 것으로 표현한 것을 SALC 라 한다.

자유도 n 개의 원자들로 구성된 분자가 진동할 때, 동시에 같은 방향의 병진이나 같은 방향으로의 회전은 순수진동이라 할 수 없다. 동시적인 병진운동은 x, y, z 의 3 방향이 될 것이며, 동시적인 회전운동 역시 x, y, z 의 3 방향이 될 것이다. 따라서 자유도는 임의의 대칭군에서 참여하고 있는 모든 원자들의 동시적인 병진운동 및 회전운동을 제외한 순수한 진동수를 말한다.

재정렬(Rearrangement) 증식표를 계산하여 구성하는데, 각 세로열과 가로열에는 그 대칭요소들이 오직 한번만 표시하여 어느 세로열에서나 가로열도 대칭요소들이 같은 배열을 이루는 두개의 열은 없어야 한다는 것을 이용하여 대칭요소들을 계산하여 표시하는 것을 말한다.

증식표(Multiplication Table) 임의의 대칭군 내의 각 대칭요소들의 연속 대칭 시행은 곱하기로 표현할 수 있으며, 곱한 결과를 그 대칭군 내의 대칭요소로 표현한 표를 증식표라 한다.

LCAO/MO(Linear Combination of Atomic Orbital/Molecular Orbital) 여러 원자들의 궤도들(Atomic Orbital)이 참여하여 분자 궤도(Molecular Orbital)를 구성할 때 그 방식이 원자의 전자궤도의 일부를 직선적(Linear)으로 조합할 수 있다는 것을 말한다.

최소대표요소(Irreducible Representation) 임의의 대칭군의 특징을 표현하는 수단으로, 임의의 대칭군의 특성표에서 대칭요소에 따라 나열한 각각의 한 세트의 특성들을 모아 놓은 것이다.

특성표(Character Table) 대칭군의 변환자(Operator)와 같이, 행렬 중에서 정사각(Square) 행렬의 경우, 특성은 행렬의 대각선의 합으로 정의한다. 임의의 대칭군에서 대칭요소와 최소대표요소에 따라 이 같은 특성들을 나열하여 놓은 표를 특성표라 한다.

휘켈의 근사치(Huckel's Approximation) 임의의 대칭성에 의해 형성된 분자 궤도함수들의 에너지 상태를 정확히 계산을 하기에는 초대형 계산시설이 필요하나, 약간의 근사치 개념을 도입하면 원하는 수준에 근접한 에너지 상태를 쉽게 계산할 수 있도록 한 것을 휘켈의 근사치라 한다.

부 록

부록1 특성표

1. The Nonacial Groups

C_1	E
A	1

C_s	E	σ_h		
A'	1	1	x, y, R_z	x^2, y^2, z^2, xy
A''	1	−1	z, R_x, R_y	yz, xz

C_i	E	i		
A_g	1	1	R_x, R_y, R_z	x^2, y^2, z^2 xy, yz, xz
A_u	1	−1	x, y, z	

2. The C_n Groups

C_2	E	C_2		
A	1	1	z, R_z	x^2, y^2, z^2, xy
B	1	1	x, y, R_x, R_y	yz, xz

C_3	E	C_3	C_3^2		$\epsilon = exp(2\pi i/3)$
A	1	1	1	z, R_z	x^2+y^2, z^2
E	$\left\{\begin{matrix} 1 \\ 1 \end{matrix}\right.$	$\begin{matrix} \epsilon \\ \epsilon^* \end{matrix}$	$\left.\begin{matrix} \epsilon^* \\ \epsilon \end{matrix}\right\}$	$(x, y)(R_x, R_y)$	$(x^2-y^2, xy)(yz, xz)$

C_4	E	C_4	C_2	C_4^3		
A	1	1	1	1	z, R_z	x^2+y^2, z^2
B	1	-1	1	-1		x^2-y^2, xy
E	$\left\{\begin{matrix} 1 \\ 1 \end{matrix}\right.$	$\begin{matrix} i \\ -i \end{matrix}$	$\begin{matrix} -1 \\ -1 \end{matrix}$	$\left.\begin{matrix} -i \\ i \end{matrix}\right\}$	$(x, y)(R_x, R_y)$	(yz, xz)

C_5	E	C_5	C_5^2	C_5^3	C_5^4		$\epsilon = exp(2\pi i/5)$
A	1	1	1	1	1	z, R_z	x^2+y^2, z^2
E_1	$\left\{\begin{matrix} 1 \\ 1 \end{matrix}\right.$	$\begin{matrix} \epsilon \\ \epsilon^* \end{matrix}$	$\begin{matrix} \epsilon^2 \\ \epsilon^{2*} \end{matrix}$	$\begin{matrix} \epsilon^{2*} \\ \epsilon^2 \end{matrix}$	$\left.\begin{matrix} \epsilon^* \\ \epsilon \end{matrix}\right\}$	$(x, y)(R_x, R_y)$	(yz, xz)
E_2	$\left\{\begin{matrix} 1 \\ 1 \end{matrix}\right.$	$\begin{matrix} \epsilon^2 \\ \epsilon^{2*} \end{matrix}$	$\begin{matrix} \epsilon^* \\ \epsilon \end{matrix}$	$\begin{matrix} \epsilon \\ \epsilon^* \end{matrix}$	$\left.\begin{matrix} \epsilon^{2*} \\ \epsilon^2 \end{matrix}\right\}$		(x^2-y^2, xy)

C_6	E	C_6	C_3	C_2	C_3^2	C_6^5		$\epsilon = exp(2\pi i/6)$
A	1	1	1	1	1	1	z, R_z	x^2+y^2, z^2
B	1	-1	1	-1	1	-1		
E_1	$\left\{\begin{matrix} 1 \\ 1 \end{matrix}\right.$	$\begin{matrix} \epsilon \\ \epsilon^* \end{matrix}$	$\begin{matrix} -\epsilon^* \\ -\epsilon \end{matrix}$	$\begin{matrix} -1 \\ -1 \end{matrix}$	$\begin{matrix} \epsilon^2 \\ \epsilon^{2*} \end{matrix}$	$\left.\begin{matrix} \epsilon^* \\ \epsilon \end{matrix}\right\}$	$(x, y)(R_x, R_y)$	(yz, xz)
E_2	$\left\{\begin{matrix} 1 \\ 1 \end{matrix}\right.$	$\begin{matrix} -\epsilon^* \\ -\epsilon \end{matrix}$	$\begin{matrix} -\epsilon \\ -\epsilon^* \end{matrix}$	$\begin{matrix} 1 \\ 1 \end{matrix}$	$\begin{matrix} \epsilon^* \\ \epsilon \end{matrix}$	$\left.\begin{matrix} -\epsilon \\ -\epsilon^* \end{matrix}\right\}$		(x^2-y^2, xy)

C_7	E	C_7	C_7^2	C_7^3	C_7^4	C_7^5	C_7^6		$\epsilon = exp(2\pi i/7)$
A	1	1	1	1	1	1	1	z, R_z	x^2+y^2, z^2
E_1	$\left\{\begin{matrix} 1 \\ 1 \end{matrix}\right.$	$\begin{matrix} \epsilon \\ \epsilon^* \end{matrix}$	$\begin{matrix} \epsilon^2 \\ \epsilon^{2*} \end{matrix}$	$\begin{matrix} \epsilon^3 \\ \epsilon^{3*} \end{matrix}$	$\begin{matrix} \epsilon^{3*} \\ \epsilon^3 \end{matrix}$	$\begin{matrix} \epsilon^{2*} \\ \epsilon^2 \end{matrix}$	$\left.\begin{matrix} \epsilon^* \\ \epsilon \end{matrix}\right\}$	(x, y) (R_x, R_y)	(yz, xz)
E_2	$\left\{\begin{matrix} 1 \\ 1 \end{matrix}\right.$	$\begin{matrix} \epsilon^2 \\ \epsilon^{2*} \end{matrix}$	$\begin{matrix} \epsilon^{3*} \\ \epsilon^3 \end{matrix}$	$\begin{matrix} \epsilon^* \\ \epsilon \end{matrix}$	$\begin{matrix} \epsilon \\ \epsilon^* \end{matrix}$	$\begin{matrix} \epsilon^3 \\ \epsilon^{3*} \end{matrix}$	$\left.\begin{matrix} \epsilon^{2*} \\ \epsilon^2 \end{matrix}\right\}$		(x^2-y^2, xy)
E_3	$\left\{\begin{matrix} 1 \\ 1 \end{matrix}\right.$	$\begin{matrix} \epsilon^3 \\ \epsilon^{3*} \end{matrix}$	$\begin{matrix} \epsilon^* \\ \epsilon \end{matrix}$	$\begin{matrix} \epsilon^2 \\ \epsilon^{2*} \end{matrix}$	$\begin{matrix} \epsilon^{2*} \\ \epsilon^2 \end{matrix}$	$\begin{matrix} \epsilon \\ \epsilon^* \end{matrix}$	$\left.\begin{matrix} \epsilon^{3*} \\ \epsilon^3 \end{matrix}\right\}$		

C_8	E	C_8	C_4	C_2	C_4^3	C_8^3	C_8^5	C_8^7		$\epsilon = exp(2\pi i/8)$
A	1	1	1	1	1	1	1	1	z, R_z	x^2+y^2, z^2
B	1	-1	1	1	1	-1	-1	-1		
E_1	$\begin{Bmatrix}1\\1\end{Bmatrix}$	ϵ ϵ^*	i i	1 -1	$-i$ i	$-\epsilon^*$ $-\epsilon$	$-\epsilon$ $-\epsilon^*$	ϵ^* ϵ	(x, y) (R_x, R_y)	(yz, xz)
E_2	$\begin{Bmatrix}1\\1\end{Bmatrix}$	i $-i$	-1 -1	-1 1	-1 -1	$-i$ i	i $-i$	$-i$ i		(x^2-y^2, xy)
E_3	$\begin{Bmatrix}1\\1\end{Bmatrix}$	$-\epsilon$ $-\epsilon^*$	i $-i$	-1 -1	$-i$ i	ϵ^* ϵ	ϵ ϵ^*	$-\epsilon^*$ $-\epsilon$		

3. The D_n Groups

D_2	E	$C_2(z)$	$C_2(y)$	$C_2(x)$		
A	1	1	1	1		x^2, y^2, z^2
B_1	1	1	–1	–1	z, R_z	xy
B_2	1	–1	1	–1	y, R_y	xz
B_3	1	–1	–1	1	x, R_x	yz

D_3	E	$2C_3$	$3C_2$		
A_1	1	1	1		x^2+y^2, z^2
A_2	1	1	–1	z, R_z	
E	2	–1	0	$(x, y)(R_x, R_y)$	$(x^2-y^2, xy)(xz, yz)$

D_4	E	$2C_4$	$C_2(=C_4^2)$	$2C_2'$	$2C_2''$		
A_1	1	1	1	1	1		x^2+y^2, z^2
A_2	1	1	1	–1	–1	z, R_z	
B_1	1	1	1	1	–1		x^2-y^2
B_2	1	–1	1	–1	1		xy
E	2	0	–2	0	0	$(x, y)(R_x, R_y)$	(xz, yz)

D_5	E	$2C_5$	$2C_5^2$	$5C_2$		
A_1	1	1	1	1		x^2+y^2, z^2
A_2	1	1	1	–1	z, R_z	
E_1	2	$2cos72°$	$2cos144°$	0	$(x, y)(R_x, R_y)$	(xz, yz)
E_2	2	$2cos144°$	$2cos72°$	0		(x^2-y^2, xy)

D_6	E	$2C_6$	$2C_3$	C_2	$3C_2'$	$3C_2''$		
A_1	1	1	1	1	1	1		x^2+y^2, z^2
A_2	1	1	1	1	–1	–1	z, R_z	
B_1	1	–1	1	–1	1	–1		
B_2	1	–1	1	–1	–1	1		
E_1	2	1	–1	–2	0	0	$(x, y)(R_x, R_y)$	(xz, yz)
E_2	2	–1	–1	2	0	0		(x^2-y^2, xy)

4. The C_{nv} Groups

C_{2v}	E	C_2	$\sigma_v(xz)$	$\sigma_v'(yz)$		
A_1	1	1	1	1	z	x^2, y^2, z^2
A_2	1	1	–1	–1	R_z	xy
B_1	1	–1	1	–1	x, R_y	xz
B_2	1	–1	–1	1	y, R_x	yz

C_{3v}	E	$2C_3$	$3\sigma_v$		
A_1	1	1	1	z	x^2+y^2, z^2
A_2	1	1	–1	R_z	
E	2	–1	0	$(x, y)(R_x, R_y)$	$(x^2-y^2, xy)(xz, yz)$

C_{4v}	E	$2C_4$	C_2	$2\sigma_v$	$2\sigma_d$		
A_1	1	1	1	1	1	z	x^2+y^2, z^2
A_2	1	1	1	−1	−1	R_z	
B_1	1	−1	1	1	−1		x^2-y^2
B_2	1	−1	1	−1	1		xy
E	2	0	−2	0	0	$(x, y)(R_x, R_y)$	(xz, yz)

C_{5v}	E	$2C_5$	$2C_5^2$	$5\sigma_v$		
A_1	1	1	1	1	z	x^2+y^2, z^2
A_2	1	1	1	−1	R_z	
E_1	2	$2\cos 72°$	$2\cos 144°$	0	$(x, y)(R_x, R_y)$	(xz, yz)
E_2	2	$2\cos 144°$	$2\cos 72°$	0		(x^2-y^2, xy)

C_{6v}	E	$2C_6$	$2C_3$	C_2	$3\sigma_v$	$3\sigma_d$		
A_1	1	1	1	1	1	1	z	x^2+y^2, z^2
A_2	1	1	1	1	−1	−1	R_z	
B_1	1	−1	1	−1	1	−1		
B_2	1	−1	1	−1	−1	1		
E_1	2	0	−1	−2	0	0	$(x, y)(R_x, R_y)$	(xz, yz)
E_2	2	−1	−1	2	0	0		(x^2-y^2, xy)

5. The C_{nh} Groups

C_{2h}	E	C_2	i	σ_h		
A_g	1	1	1	1	R_z	x^2, y^2, z^2, xy
B_g	1	−1	1	−1	R_x, R_y	xz, yz
A_u	1	1	−1	−1	z	
B_u	1	−1	−1	1	x, y	

C_{3h}	E	C_3	C_3^2	σ_h	S_3	S_3^5		$\epsilon = exp(2\pi i/3)$
A'	1	1	1	1	1	1	R_z	$x^2+y^2,\ z^2$
E'	$\left\{ 1 \right.$	ϵ	ϵ^*	1	ϵ	$\epsilon^* \}$	$(x,\ y)$	$(x^2-y^2,\ xy)$
	1	ϵ^*	ϵ	1	ϵ^*	ϵ		
A''	1	1	1	-1	-1	-1	z	
E''	$\left\{ 1 \right.$	ϵ	ϵ^*	-1	$-\epsilon$	$-\epsilon^* \}$	$(R_x,\ R_y)$	$(xz,\ yz)$
	1	ϵ^*	ϵ	-1	$-\epsilon^*$	$-\epsilon$		

C_{4h}	E	C_4	C_2	C_4^3	i	S_4^3	σ_h	S_4		
A_g	1	1	1	1	1	1	1	1	R_z	$x^2+y^2,\ z^2$
B_g	1	-1	1	-1	1	-1	1	-1		$x^2-y^2,\ xy$
E_g	$\left\{ 1 \right.$	i	-1	$-i$	1	i	-1	$-i \}$	$(R_x,\ R_y)$	$(xz,\ yz)$
	1	$-i$	-1	i	1	$-i$	-1	i		
A_u	1	1	1	1	-1	-1	-1	-1	z	
B_u	1	-1	1	-1	-1	1	-1	1		
E_u	$\left\{ 1 \right.$	i	-1	$-i$	-1	$-i$	1	$i \}$	$(x,\ y)$	
	1	$-i$	-1	i	-1	i	1	$-i$		

C_{5h}	E	C_5	C_5^2	C_5^3	C_5^4	σ_h	S_5	S_5^7	S_5^3	S_5^9		$\epsilon = exp(2\pi i/5)$
A'	1	1	1	1	1	1	1	1	1	1	R_z	$x^2+y^2,\ z^2$
E_1'	$\left\{ 1 \right.$	ϵ	ϵ^2	ϵ^{2*}	ϵ^*	1	ϵ	ϵ^2	ϵ^{2*}	$\epsilon^{2*} \}$	$(x,\ y)$	
	1	ϵ^*	ϵ^{2*}	ϵ^2	ϵ	1	ϵ^*	ϵ^{2*}	ϵ^2	ϵ^2		
E_2'	$\left\{ 1 \right.$	ϵ^2	ϵ^*	ϵ	ϵ^{2*}	1	ϵ^2	ϵ^*	ϵ	$\epsilon \}$		$(x^2-y^2,\ xy)$
	1	ϵ^{2*}	ϵ	ϵ^*	ϵ^2	1	ϵ^{2*}	ϵ	ϵ^*	ϵ^*		
A''	1	1	1	1	1	-1	-1	-1	-1	-1	z	
E_1''	$\left\{ 1 \right.$	ϵ	ϵ^2	ϵ^{2*}	ϵ^*	-1	$-\epsilon$	$-\epsilon^2$	$-\epsilon^{2*}$	$-\epsilon^{2*} \}$	$(R_x,\ R_y)$	$(xz,\ yz)$
	1	ϵ^*	ϵ^{2*}	ϵ^2	ϵ	-1	$-\epsilon^*$	$-\epsilon^{2*}$	$-\epsilon^2$	$-\epsilon^2$		
E_2''	$\left\{ 1 \right.$	ϵ^2	ϵ^*	ϵ	ϵ^{2*}	-1	$-\epsilon^2$	$-\epsilon^*$	$-\epsilon$	$-\epsilon \}$		
	1	ϵ^{2*}	ϵ	ϵ^*	ϵ^2	-1	$-\epsilon^{2*}$	$-\epsilon$	$-\epsilon^*$	$-\epsilon^*$		

C_{5h}	E	C_5	C_5^2	C_5^3	C_5^4	σ_h	S_5	S_5^7	S_5^3	S_5^9		$\epsilon = exp(2\pi i/5)$
A'	1	1	1	1	1	1	1	1	1	1	R_z	$x^2+y^2,\ z^2$
E_1'	1	ϵ	ϵ^2	ϵ^{2*}	ϵ^*	1	ϵ	ϵ^2	ϵ^{2*}	ϵ^{2*}	$(x,\ y)$	
	1	ϵ^*	ϵ^{2*}	ϵ^2	ϵ	1	ϵ^*	ϵ^{2*}	ϵ^2	ϵ^2		
E_2'	1	ϵ^2	ϵ^*	ϵ	ϵ^{2*}	1	ϵ^2	ϵ^*	ϵ	ϵ		$(x^2-y^2,\ xy)$
	1	ϵ^{2*}	ϵ	ϵ^*	ϵ^2	1	ϵ^{2*}	ϵ	ϵ^*	ϵ^*		
A''	1	1	1	1	1	-1	-1	-1	-1	-1	z	
E_1''	1	ϵ	ϵ^2	ϵ^{2*}	ϵ^*	-1	$-\epsilon$	$-\epsilon^2$	$-\epsilon^{2*}$	$-\epsilon^{2*}$	$(R_x,\ R_y)$	$(xz,\ yz)$
	1	ϵ^*	ϵ^{2*}	ϵ^2	ϵ	-1	$-\epsilon^*$	$-\epsilon^{2*}$	$-\epsilon^2$	$-\epsilon^2$		
E_2''	1	ϵ^2	ϵ^*	ϵ	ϵ^{2*}	-1	$-\epsilon^2$	$-\epsilon^*$	$-\epsilon$	$-\epsilon$		
	1	ϵ^{2*}	ϵ	ϵ^*	ϵ^2	-1	$-\epsilon^{2*}$	$-\epsilon$	$-\epsilon^*$	$-\epsilon^*$		

C_{6h}	E													$\epsilon = exp(2\pi i$
A_g	1	1	1	1	1	1	1	1	1	1	1	1	R_z	$x^2+y^2,\ z^2$
B_g	1	-1	1	-1	1	-1	1	-1	1	-1	1	-1		
E_{1g}	1	ϵ	$-\epsilon^*$	-1	$-\epsilon$	ϵ^*	1	ϵ	$-\epsilon^*$	-1	$-\epsilon$	ϵ^*	$(R_x,\ R_y)$	$(xz,\ yz)$
	1	ϵ^*	$-\epsilon$	-1	$-\epsilon^*$	ϵ	1	ϵ^*	$-\epsilon$	-1	$-\epsilon^*$	ϵ		
E_{2g}	1	$-\epsilon^*$	$-\epsilon$	1	$-\epsilon^*$	$-\epsilon$	1	$-\epsilon^*$	$-\epsilon$	1	$-\epsilon^*$	$-\epsilon$		$(x^2-y^2,\ xy)$
	1	$-\epsilon$	$-\epsilon^*$	1	$-\epsilon$	$-\epsilon^*$	1	$-\epsilon$	$-\epsilon^*$	1	$-\epsilon$	$-\epsilon^*$		
A_u	1	1	1	1	1	1	-1	-1	-1	-1	-1	-1	z	
B_u	1	-1	1	-1	1	-1	-1	1	-1	1	-1	1		
E_{1u}	1	ϵ	$-\epsilon^*$	-1	$-\epsilon$	ϵ^*	-1	$-\epsilon$	ϵ^*	1	ϵ	$-\epsilon^*$	$(x,\ y)$	
	1	ϵ^*	$-\epsilon$	-1	$-\epsilon^*$	ϵ	-1	$-\epsilon^*$	ϵ	1	ϵ^*	$-\epsilon$		
E_{2u}	1	$-\epsilon^*$	$-\epsilon$	1	$-\epsilon^*$	$-\epsilon$	-1	ϵ^*	ϵ	-1	ϵ^*	ϵ		
	1	$-\epsilon$	$-\epsilon^*$	1	$-\epsilon$	$-\epsilon^*$	-1	ϵ	ϵ^*	-1	ϵ	ϵ^*		

6. The D_{nh} Groups

D_{2h}	E	$C_2(z)$	$C_2(y)$	$C_2(x)$	i	$\sigma(xy)$	$\sigma(xz)$	$\sigma(yz)$		
A_g	1	1	1	1	1	1	1	1		x^2, y^2, z^2
B_{1g}	1	1	–1	–1	1	1	–1	–1	R_z	xy
B_{2g}	1	–1	1	–1	1	–1	1	–1	R_y	xz
B_{3g}	1	–1	–1	1	1	–1	–1	1	R_x	yz
A_u	1	1	1	1	–1	–1	–1	–1		
B_{1u}	1	1	–1	–1	–1	–1	1	1	z	
B_{2u}	1	–1	1	–1	–1	1	–1	1	y	
B_{3u}	1	–1	–1	1	–1	1	1	–1	x	

D_{3h}	E	$2C_3$	$3C_2$	σ_h	$2S_3$	$3\sigma_v$		
A_1'	1	1	1	1	1	1		x^2+y^2, z^2
A_2'	1	1	–1	1	1	–1	R_z	
E'	2	–1	0	2	–1	0	(x, y)	(x^2-y^2, xy)
A_1''	1	1	1	–1	–1	–1		
A_2''	1	1	–1	–1	–1	1	z	
E''	2	–1	0	–2	1	0	(R_x, R_y)	(xz, yz)

D_{4h}	E	$2C_4$	C_2	$2C_2'$	$2C_2''$	i	$2S_4$	σ_h	$2\sigma_v$	$2\sigma_d$		
A_{1g}	1	1	1	1	1	1	1	1	1	1		x^2+y^2, z^2
A_{2g}	1	1	1	–1	–1	1	1	1	–1	–1	R_z	
B_{1g}	1	–1	1	1	–1	1	–1	1	1	–1		x^2-y^2
B_{2g}	1	–1	1	–1	1	1	–1	1	–1	1		xy
E_g	2	0	–2	0	0	2	0	–2	0	0	(R_x, R_y)	(xz, yz)
A_{1u}	1	1	1	1	1	–1	–1	–1	–1	–1		
A_{2u}	1	1	1	–1	–1	–1	–1	–1	1	1	z	
B_{1u}	1	–1	1	1	–1	–1	1	–1	–1	1		
B_{2u}	1	–1	1	–1	1	–1	1	–1	1	–1		
E_u	2	0	–2	0	0	–2	0	2	0	0	(x, y)	

D_{5h}	E	$2C_5$	$2C_5^{\,2}$	$5C_2$	σ_h	$2S_5$	$2S_5^{\,3}$	$5\sigma_v$		
A_1	1	1	1	1	1	1	1	1		$x^2+y^2,\ z^2$
A_2	1	1	1	−1	1	1	1	−1	R_z	
E_1	2	$2cos72°$	$2cos144°$	0	2	$2cos72°$	$2cos144°$	0	$(x,\ y)$	
E_2	2	$2cos144°$	$2cos72°$	0	2	$2cos144°$	$2cos72°$	0		$(x^2-y^2,\ xy)$
A_1	1	1	1	1	−1	−1	−1	−1		
A_2	1	1	1	−1	−1	−1	−1	1	z	
E_1	2	$2cos72°$	$2cos144°$	0	−2	$2cos72°$	$2cos144°$	0	$(R_x,\ R_y)$	$(xz,\ yz)$
E_2	2	$2cos144°$	$2cos72°$	0	−2	$2cos144°$	$2cos72°$	0		

D_{6h}	E	$2C_6$	$2C_3$	C_2	$3C_2'$	$3C_2''$	i	$2S_3$	$2S_6$	σ_h	$3\sigma_d$	$3\sigma_v$		
A_{1g}	1	1	1	1	1	1	1	1	1	1	1	1		$x^2+y^2,\ z^2$
A_{2g}	1	1	1	1	−1	−1	1	1	1	1	−1	−1	R_z	
B_{1g}	1	−1	1	−1	1	−1	1	−1	1	−1	1	−1		x^2-y^2
B_{2g}	1	−1	1	−1	−1	1	1	−1	1	−1	−1	1		xy
E_{1g}	2	1	−1	−2	0	0	2	1	−1	−2	0	0	$(R_x,\ R_y)$	$(xz,\ yz)$
E_{2g}	2	−1	−1	2	0	0	2	−1	−1	2	0	0		
A_{1u}	1	1	1	1	1	1	−1	−1	−1	−1	−1	−1		
A_{2u}	1	1	1	1	−1	−1	−1	−1	−1	−1	1	1	z	
B_{1u}	1	−1	1	−1	1	−1	−1	1	−1	1	−1	1		
B_{2u}	1	−1	1	−1	−1	1	−1	1	−1	1	1	−1		
E_{1u}	2	1	−1	−2	0	0	−2	−1	1	2	0	0	$(x,\ y)$	
E_{2u}	2	−1	−1	2	0	0	−2	1	1	−2	0	0		

부록2 MO 계산결과

SYSTEM (SYMMETRY)	ENERGY LEVEL DIAGRAM (POPULATED FOR NEUTRAL SPECIES)
C_3H_3 (D_{3h})	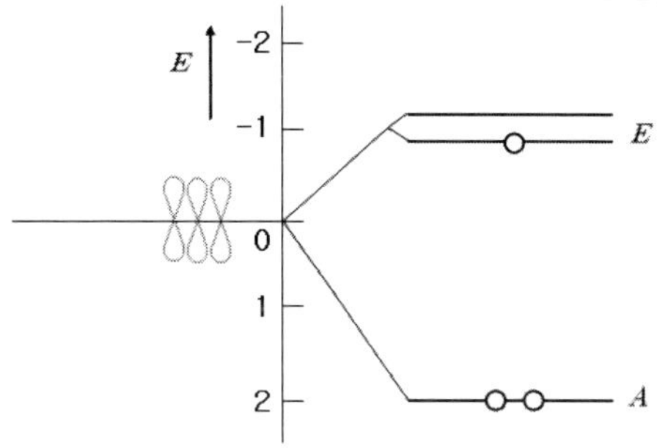
C_4H_4 (D_{4h})	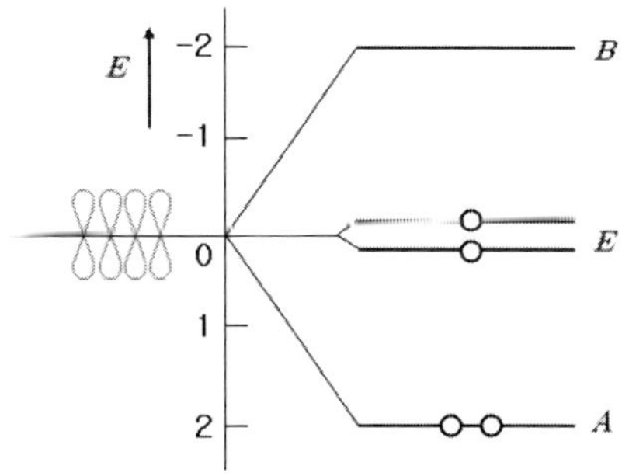
C_5H_5 (D_{5h}) $\omega = 2\pi/5$	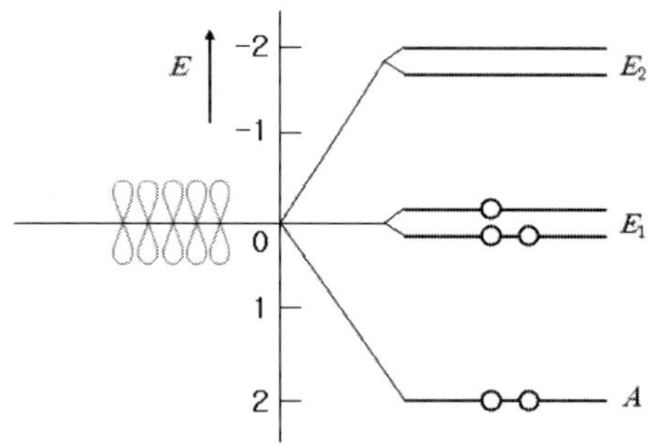

C_6H_6

(D_{6h})

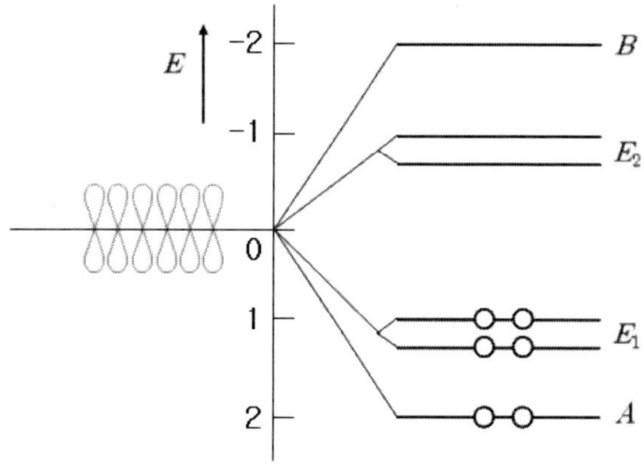

C_7H_7

(D_{7h})

$\omega = 2\pi/7$

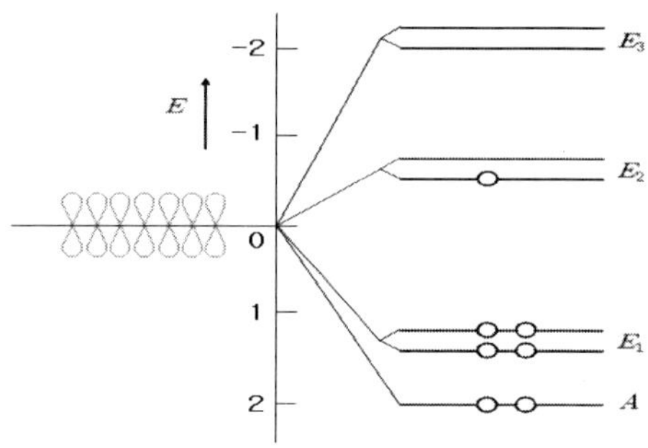

C_8H_8

(D_{8h})

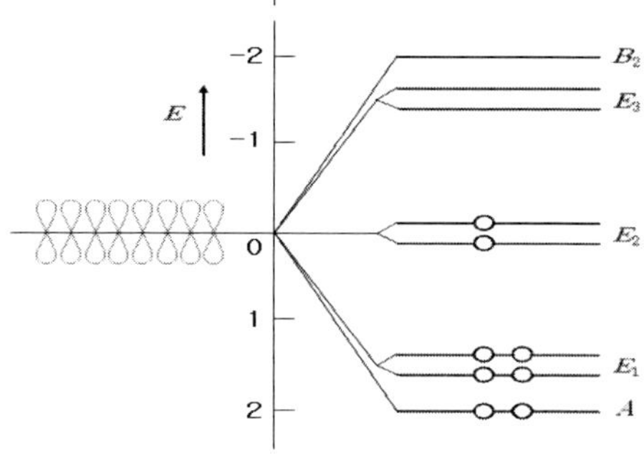

용어 색인

정가 12,000원

재료공학을 위한 대칭군 이론

2008년 5월 13일 초판 인쇄
2008년 5월 23일 초판 발행
저 자 : 류 근 걸
발행자 : 우 명 찬 · 송 준
발행처 : 홍 릉 과 학 출 판 사
주 소 : 서울시 강북구 수유5동 455-60
142-885
등 록 : 1976년 10월 21일 제5-66호
전 화 : 999-2274 ~ 5, 996-8341, 903-7037
팩 스 : 905-6729
hongpub@hongpub.co.kr
www.hongpub.co.kr

저자와의 협의하에 인지생략